米莱知识宇宙

启航吧
知识号

课后全方位
我会搞创新

米莱童书 著/绘

北京理工大学出版社
BEIJING INSTITUTE OF TECHNOLOGY PRESS

版权专有　侵权必究

图书在版编目（CIP）数据

我会搞创新 / 米莱童书著绘. -- 北京：北京理工大学出版社, 2025.1.
(启航吧知识号).
ISBN 978-7-5763-4576-6

Ⅰ. G305-49
中国国家版本馆CIP数据核字第20243ZM261号

| 责任编辑：芈　岚 | 文案编辑：芈　岚 |
| 责任校对：刘亚男 | 责任印制：王美丽 |

出版发行 / 北京理工大学出版社有限责任公司
社　　址 / 北京市丰台区四合庄路6号
邮　　编 / 100070
电　　话 / (010)82563891(童书售后服务热线)
网　　址 / http://www.bitpress.com.cn

版 印 次 / 2025年1月第1版第1次印刷
印　　刷 / 北京瑞禾彩色印刷有限公司
开　　本 / 710 mm x1000 mm　1/16
印　　张 / 10.5
字　　数 / 170千字
定　　价 / 38.00元

图书出现印装质量问题，请拨打售后服务热线，负责调换

前言

世界上什么力量最强？那就是科技。科技犹如一个巨人，力大无比，顶天立地，所向披靡。可是你知道吗？ 和科技这个"巨人"打交道不是靠体力，而是靠智慧。

巨人很喜欢善于思考的人，你尽可以天马行空地想，提出一种你认为合理的假设。接下来，你要开始证明这个假设，不管是通过实验，还是通过计算，只要你能证明自己是对的，巨人就无处可逃了。不过，要证明自己是对的并不容易，更别说人们总是在犯错了！如果犯了错，你也不用介意，巨人早已看过太多人犯的太多错误了，他不但不会笑话你，反而会被你的执着感动，故意露出个衣角给你，让你看看其他人曾经犯过的错误、做过的研究，帮你顺利找到他。

当你经历千辛万苦终于找到了巨人，也万万不能掉以轻心，因为现在的你和巨人还算不上是朋友，他会趁你不备再次跑掉，而且会藏得更深、更远、更高。那么，怎样才能和巨人成为朋友呢？进阶。你要牢牢抓住自己找到的线索，继续往深处研究，往远处研究、往高处研究、直到你的研究再登上一个阶梯，发现一个崭新的世界，你就能再次抓到巨人。进阶后巨人会对你多出一丝敬佩，并在心里把你归为科学家。巨人最喜欢和科学家做朋友，心情好的时候，还会让科学家站到他的肩膀上，就像牛顿说的那样。

阶梯是无止境的，巨人会不断地进阶，把游戏难度不断地提高。我们也在不断地追逐着巨人的步伐，用创新攀登着一个又一个的阶梯。这些阶梯上有不同的风景，可能是我们自己，可能是我们周围的小生命，可能是我们的生活，也可能延伸到更广阔的世界。

现在，就让我们一起攀登，一起去眺望巨人看过的风景吧。

目录

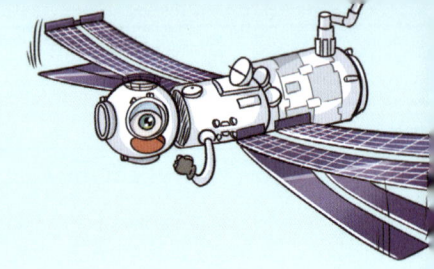

第一章 生命密码 ……………………………… 6
Day1 生命的密码——基因 ……………………… 8
Day2 基因的传承与突变 ………………………… 16
Day3 基因技术的应用——基因测序 …………… 22
Day4 基因技术的展望——基因图谱 …………… 26
Day5 基因技术的宏伟工程——基因组计划 …… 30
章节小练 ………………………………………… 34

第二章 仿生技术 ……………………………… 36
Day1 什么是仿生技术 …………………………… 38
Day2 从动物身上找点子 ………………………… 40
Day3 从"薅羊毛"到"模仿羊毛" …………… 44
Day4 像鱼儿一样畅游海底 ……………………… 48
Day5 未来战士的钢铁侠战衣 …………………… 56
章节小练 ………………………………………… 62

第三章 世纪能源 ········· 64

Day1 能源是什么 ········· 66

Day2 能源的勘探与加工 ········· 72

Day3 能源的转化与输送 ········· 78

Day4 特高压输电技术 ········· 84

Day5 能源的未来 ········· 90

章节小练 ········· 96

第四章 大国重器 ········· 98

Day1 日常却不简单的高铁 ········· 100

Day2 向深海进发 ········· 108

Day3 冲出地球 ········· 114

Day4 海上的"大家伙"——航母 ········· 122

Day5 "横行霸道"的陆战之王——坦克 ········· 128

章节小练 ········· 136

第五章 空天梦想 ········· 138

Day1 从地球看浩瀚宇宙 ········· 140

Day2 望远镜大家族 ········· 144

Day3 太阳系与八大行星 ········· 150

Day4 发现银河系以外的世界 ········· 154

Day5 住在宇宙中——空间站 ········· 160

章节小练 ········· 164

后记 ········· 166

答案 ········· 166

第一章 生命密码

创新可以很小很小，也可以很大很大，所以这创新的第一关，我们可以先看看我们自己，我们的身上有什么特殊之处呢？

20世纪足以在科学史上留下关键的一笔，在那个承前启后的关键时代，多项颠覆性的科学概念和技术应用把人类社会引领到新的历史阶段。如果说原子的发现推动了物理学的革命，互联网的发明带来了信息技术的革命，那么，"基因"的发现就是生物学与生命科学发展之路上一座杰出的里程碑。

基因既是遗传物质的基本单位，也是一切生物信息的基础，破解了基因的运行机制，也就破解了生命的密码。而这份密码里包含着人类的病理、行为、性格、疾病、种族等信息。如今，基因测序、基因克隆等技术迅速发展，人类基因组计划也完成了全部人类基因的比对与测序工作，动植物及微生物基因组计划、万种原生生物基因组计划等一系列基因测序工程也正在推进，人类从来没有像今天这样无限接近生命的真相。

基因技术与每个人息息相关。比如你的餐桌上可能就有太空育种的蔬果，这利用的是基因突变……你可能还听说过许多关于基因的传言,比如是不是基因决定了人的成败、转基因食品能不能放心食用……

作为一名崇尚科学、追求真理的新世纪公民,每个人都应当更多地了解一些关于基因的科学知识。比如,我们可以像读历史传记那样,去了解基因理论的起源和发展;我们可以像读探案故事那样,以科学家们不断遇到的问题为线索,了解科学家们在探究基因奥秘的过程中攻坚克难的事迹,厘清基因理论与技术发展的脉络。我们可以多了解一些基因技术应用的宏大工程,以及它们的广阔前景,从而真切地感受到科学让生活更美好。我们也要了解基因理论被歪曲、误解而导致的一些教训,从而用科学的目光审视新生事物,而不是人云亦云地盲从。

让我们一起揭开基因的神秘面纱,走近生命的本源。

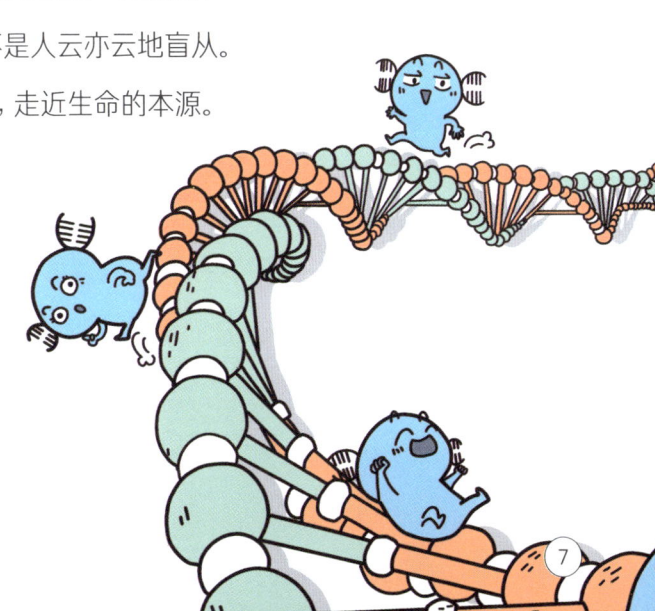

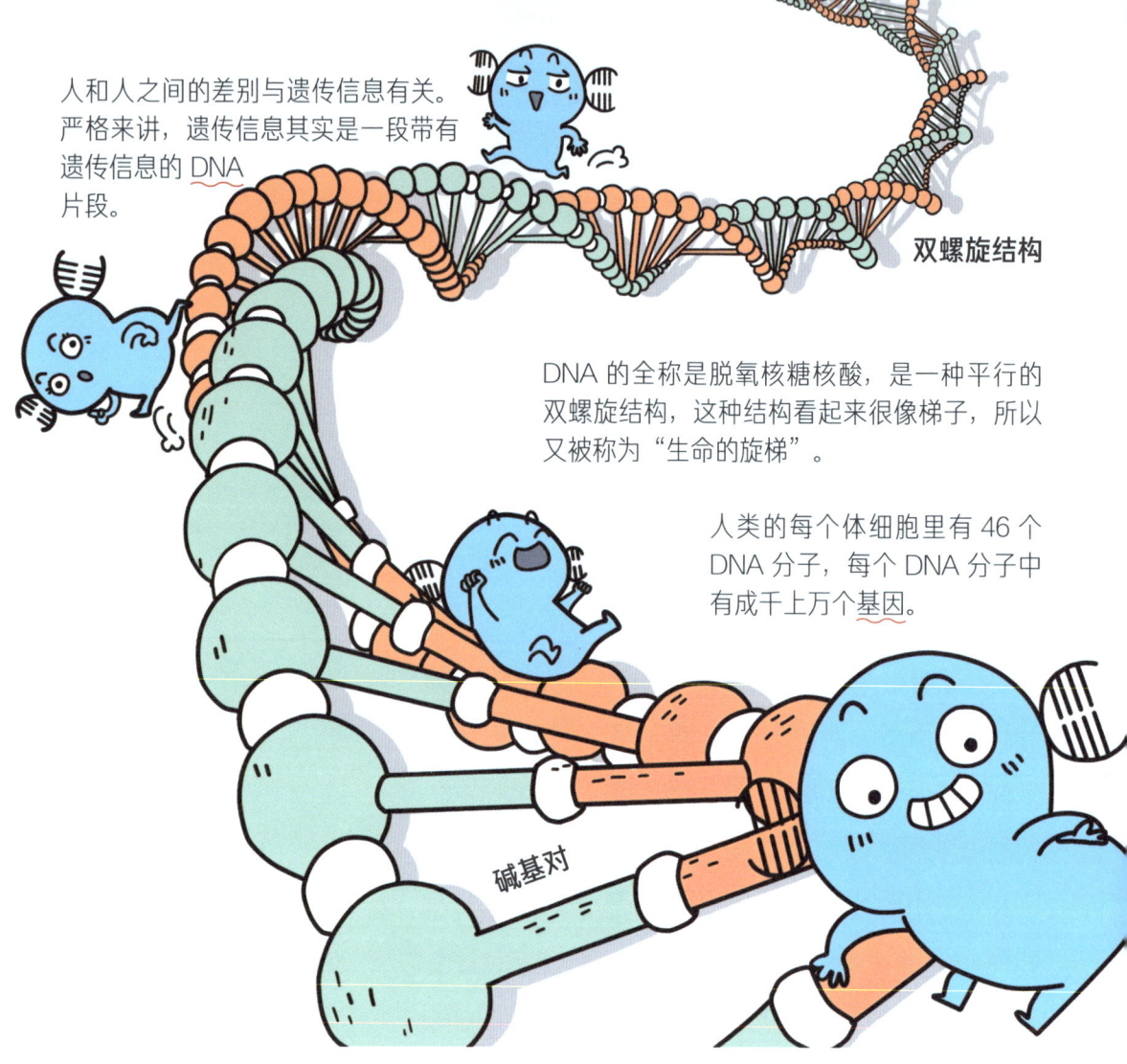

人和人之间的差别与遗传信息有关。严格来讲,遗传信息其实是一段带有遗传信息的 DNA 片段。

双螺旋结构

DNA 的全称是脱氧核糖核酸,是一种平行的双螺旋结构,这种结构看起来很像梯子,所以又被称为"生命的旋梯"。

人类的每个体细胞里有 46 个 DNA 分子,每个 DNA 分子中有成千上万个基因。

碱基对

Day1 生命的密码 ——基因

你也许早已听过基因的大名了,对于这个词的翻译非常巧妙,既兼顾了 gene 的读音,也准确传递了"生命中最基本的因素"的含义。之所以说它是生命中最基本的因素,是因为基因不仅控制着细胞蛋白质的合成,也控制着生命的性状,还决定着生命的出生、成长、发育、成熟、衰老等一系列过程。

除了控制每个生命个体的特征外，基因还承载着生命的演化信息。人类与万物有着共同的祖先——原始的单细胞生命，所以地球上的生命形式都有着或高或低的相似度，而且在进化之路上分道扬镳的时间越晚，基因的相似度就越高。比如，此刻正在阅读的你，和窗外悠哉爬过的蚂蚁的基因相似度竟达 33%，生命就是这样充满了妙趣。

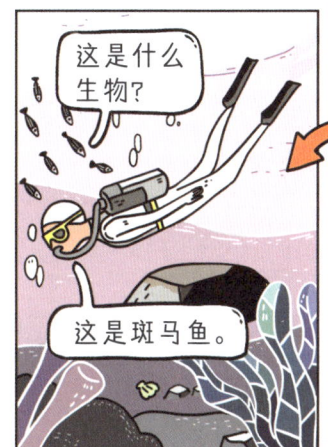

斑马鱼基因与人类基因的相似度达到 63%。

苍蝇基因与人类基因的相似度为 39%。

早期草类植物基因与人类基因的相似度为 17%。

小鼠基因与人类基因的相似度为 80%。

黑猩猩基因与人类基因的相似度达到 96%。

而人类与人类之间基因的相似度则高达 99.5%！

20世纪50年代以后,随着分子遗传学的发展,尤其是科学家提出双螺旋结构以后,人们才真正认识了基因的本质。尽管人们认识基因的历史并不久远,但对基因的研究却展现了非凡的科学意义和现实价值。

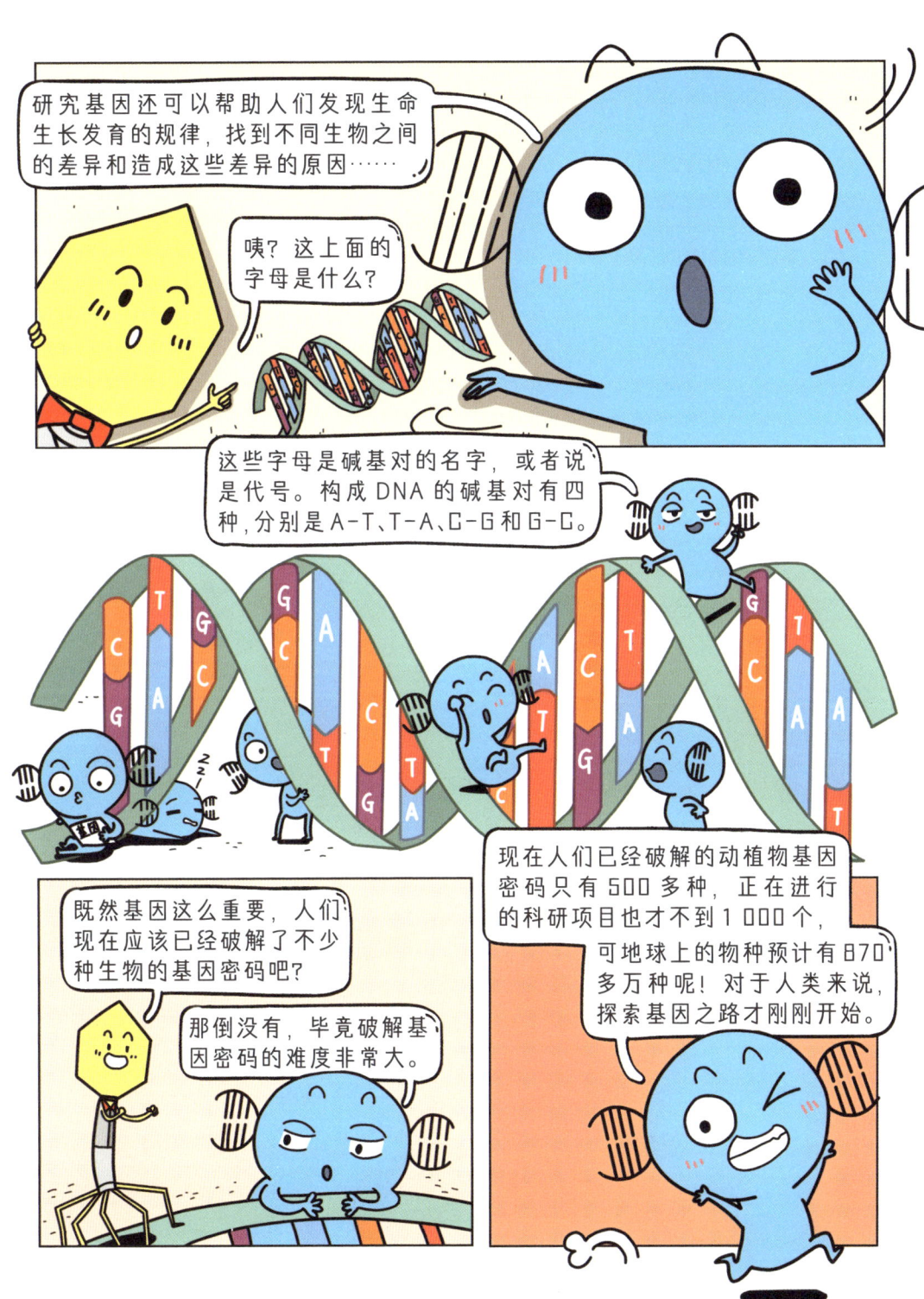

基因带来了多彩的生命

当我们流连于生机勃勃的森林、草原、湿地等原生态景点时，最引人注目的，当属多彩的生命。在欣赏它们的同时，你可曾想过究竟是什么构成了这奇妙的生命之美呢？

生命之美离不开生态多样性。地球上有多种生态类型，它们维系着生命所必需的物质循环和能量流动，这对于生物的生存、进化和持续发展而言都是至关重要的。

▶ 延伸知识

生态系统指在自然界的一定空间内、生物与环境构成的统一整体。在这个统一整体中，生物与环境之间相互影响、相互制约，并在一定时期内处于相对稳定的动态平衡状态。典型的生态系统包括森林生态系统、草原生态系统、海洋生态系统、湿地生态系统、沙漠生态系统、农田生态系统等。

生物依赖环境生存，但是也在悄悄改变着自己的生活环境。

生命之美离不开物种多样性，也就是动植物及微生物种类的丰富性，它是人类生存和发展的基础。物种资源为人类提供了必要的物质基础，特别是在医学方面，许多野外生物种属的医药价值对人类的健康具有重大意义。随着医学的发展，许多人类未知物种的医药价值也将不断被发现。

▶ 延伸知识

物种多样性最丰富的生态系统当属热带雨林生态系统，因为地球上 40%～75% 的物种栖息在热带雨林中。世界上的热带雨林主要分布于赤道附近的热带地区，包括东南亚、南美洲亚马孙河流域、非洲刚果河流域。热带雨林的保护现状不容乐观，世界上最大的热带雨林——亚马孙雨林每年被砍伐的植被面积达上万平方千米，由于热带雨林的土壤相对贫瘠，养分主要集中在动态循环的过程中，因此，这种平衡一旦被破坏，就极难恢复。

生命之美还离不开遗传多样性，也就是存在于生物个体内、单个物种内以及物种之间的基因多样性。一个物种的遗传组成决定着它的特点，这包括它对特定环境的适应性，以及它被人类的可利用性等特点。任何一个特定的个体和物种都保存着大量的遗传类型，犹如一座基因库。基因多样性是生命进化和物种分化的基础。一个物种的遗传变异越丰富，它对生存环境的适应能力便越强；而一个物种的适应能力越强，则它的进化潜力也便越大。

基因多样性丰富的物种能更加自如地面对严酷的自然选择，顽强地生存下去。

自然保护区内的大熊猫到了繁育年龄,经常需要与保护区外的大熊猫交配,这样做正是为了保护大熊猫的基因多样性。

现在我们建立了自然保护区,为大熊猫创造了更多适合它们生存的环境,大熊猫的数量开始慢慢增加。

主编有话说

基因多样性对于一个物种的繁衍生息至关重要,比如我国动物保护中的典型案例——华南虎。尽管现在全国动物园中还圈养着近200只华南虎,但野生华南虎的绝迹使圈养华南虎只能长期近亲繁殖,这就导致华南虎基因多样性大不如前,缺乏新的个体基因加入,后代体内的劣势基因便被放大,部分新繁衍出的幼虎表现出明显的智力或运动障碍,几乎不具备独立生活的能力,也就是俗称的"一代不如一代"。尽管人们试图通过恢复栖息地、野化圈养华南虎并将它们放归自然的方式让沉寂已久的山林重新响起虎啸,但基因多样性不足还是成为华南虎野化放归计划的重大障碍。

Day2 基因的传承与突变

①来自父母的礼物，基因是这么传承的

日常生活中，如果某人表现出了某种与生俱来的天赋，人们常常会夸赞他"天生有某某方面的基因"。那么，如此重要的基因为什么会出现在我们的身体中呢？它真的是与生俱来的吗？让我们来到细胞工厂，一起看看基因的来源吧。

> **主编有话说**
>
> 要寻找基因，首先要找到染色体。染色体是细胞核内的容易被碱性颜料染成深色的物质，由DNA和蛋白质组成，DNA是遗传物质的载体，基因正是DNA分子上具有特定遗传信息、能够决定生物某一性状的片段。

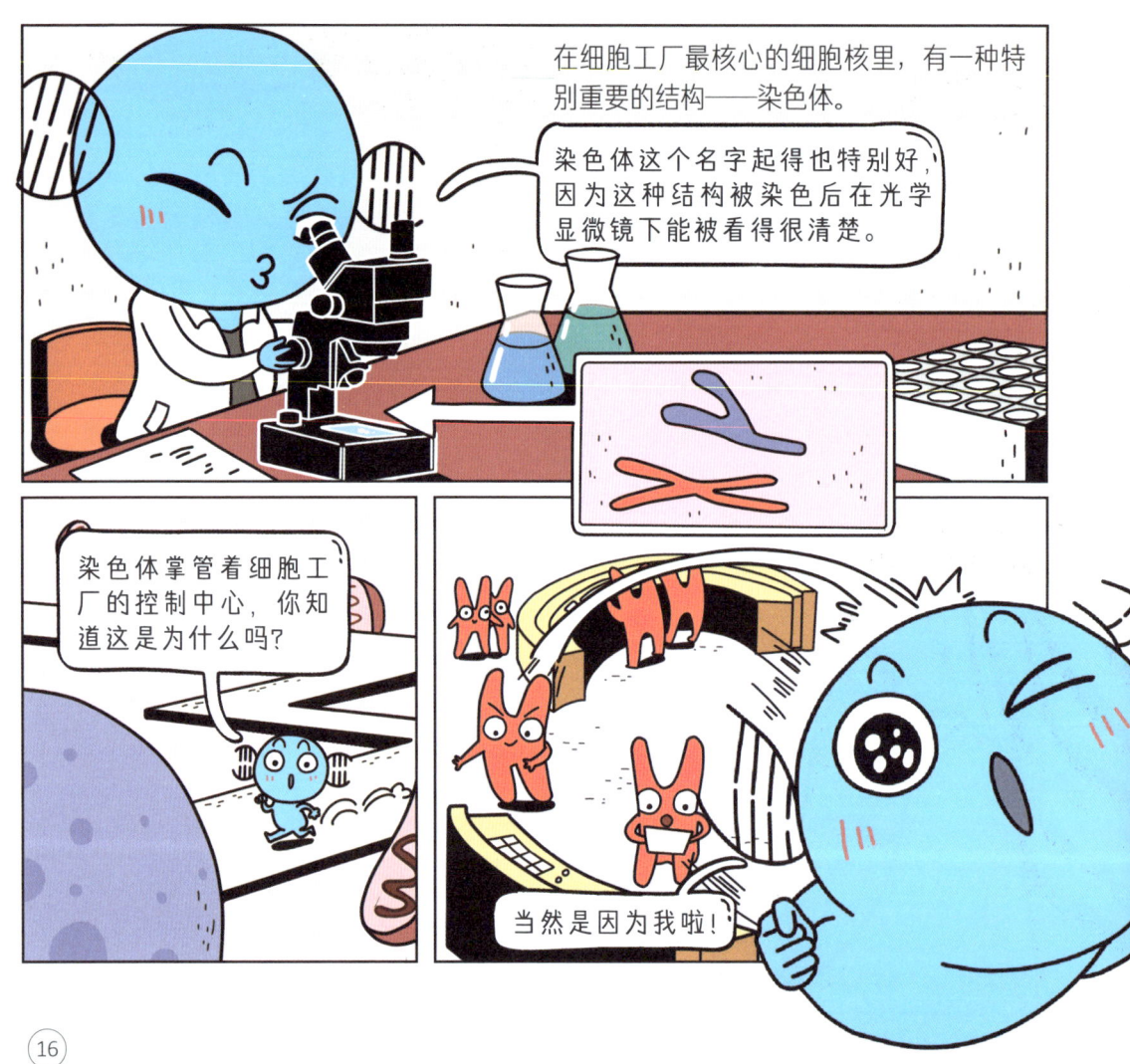

基因排列在染色体上，父母的染色体分裂重组后遗传了双方的基因。

人类的全部遗传信息分段储存在 23 对染色体中，前 22 对染色体在男性和女性的身体中是相同的，我们称之为常染色体。而第 23 对染色体比较特殊，它决定了人的性别差异，女性有两条 X 染色体，男性则有一条 X 染色体和一条 Y 染色体。来自母亲的卵子和父亲的精子都只随机携带了各自一半的染色体（23 条），当卵子和精子结合后，二者的染色体又组合成为一套孩子的染色体（23 对）。因此，孩子的 DNA 有一半与自己的母亲相同，而另一半与自己的父亲相同，可以说，每个人的基因都是父母赠送的礼物。

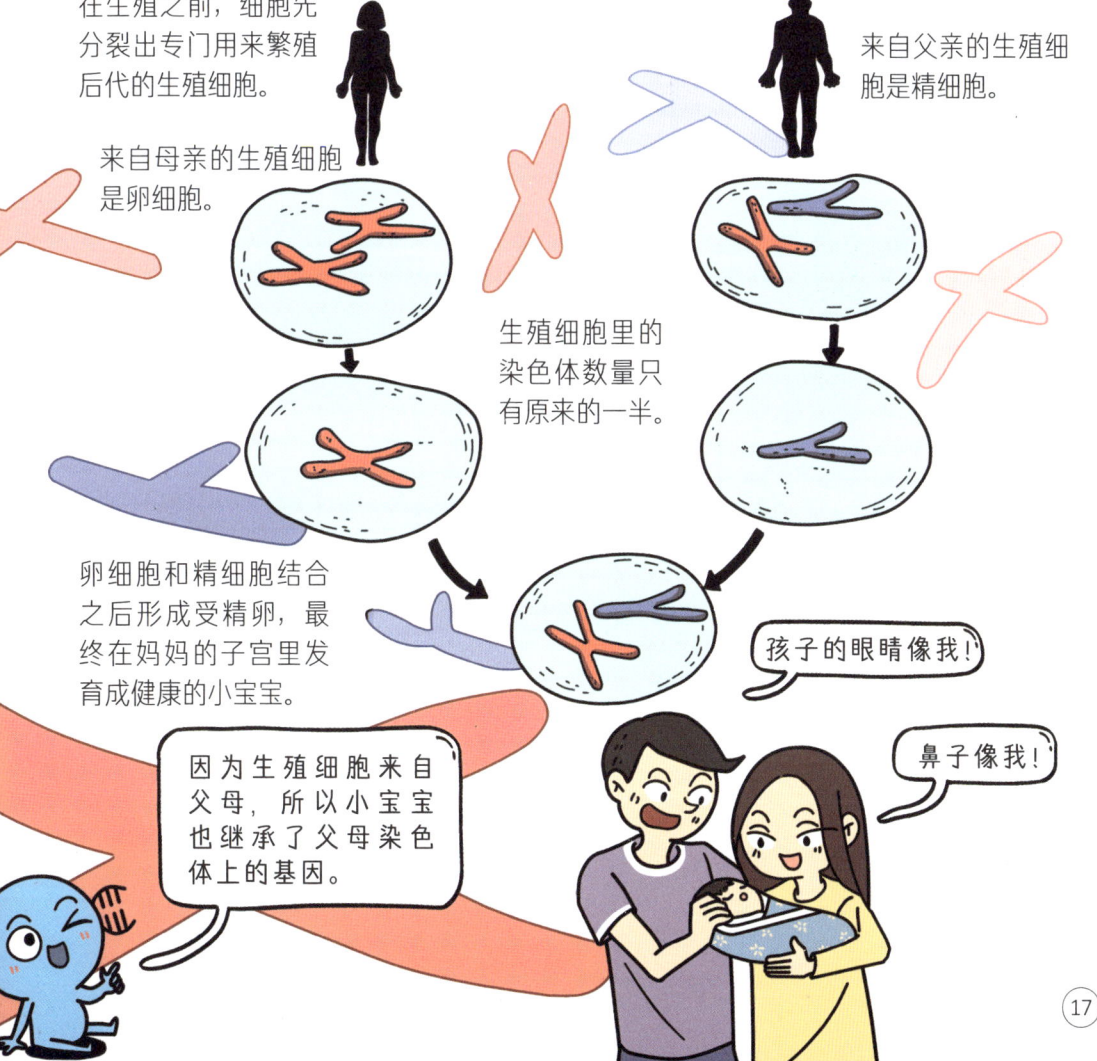

②事故还是惊喜——基因突变

③好一把双刃剑——基因突变的利与弊

基因突变在生物界相当普遍,广泛存在于动物、植物、真菌、细菌、病毒中。基因突变的结果是随机的,而且大概率是有害的,比如人类的红绿色盲症、白化病、癌症等就是基因突变的结果。尤其是癌症,已经成为损害现代人生命健康的重大疾病之一。

▶延伸知识

导致基因突变的因素很多,X射线、紫外线、激光、某些化学物质、某些细菌和病毒等。比如在发生过核泄漏的封锁区,时常会出现一些畸形变异的动物,它们就是基因突变的"受害者"。

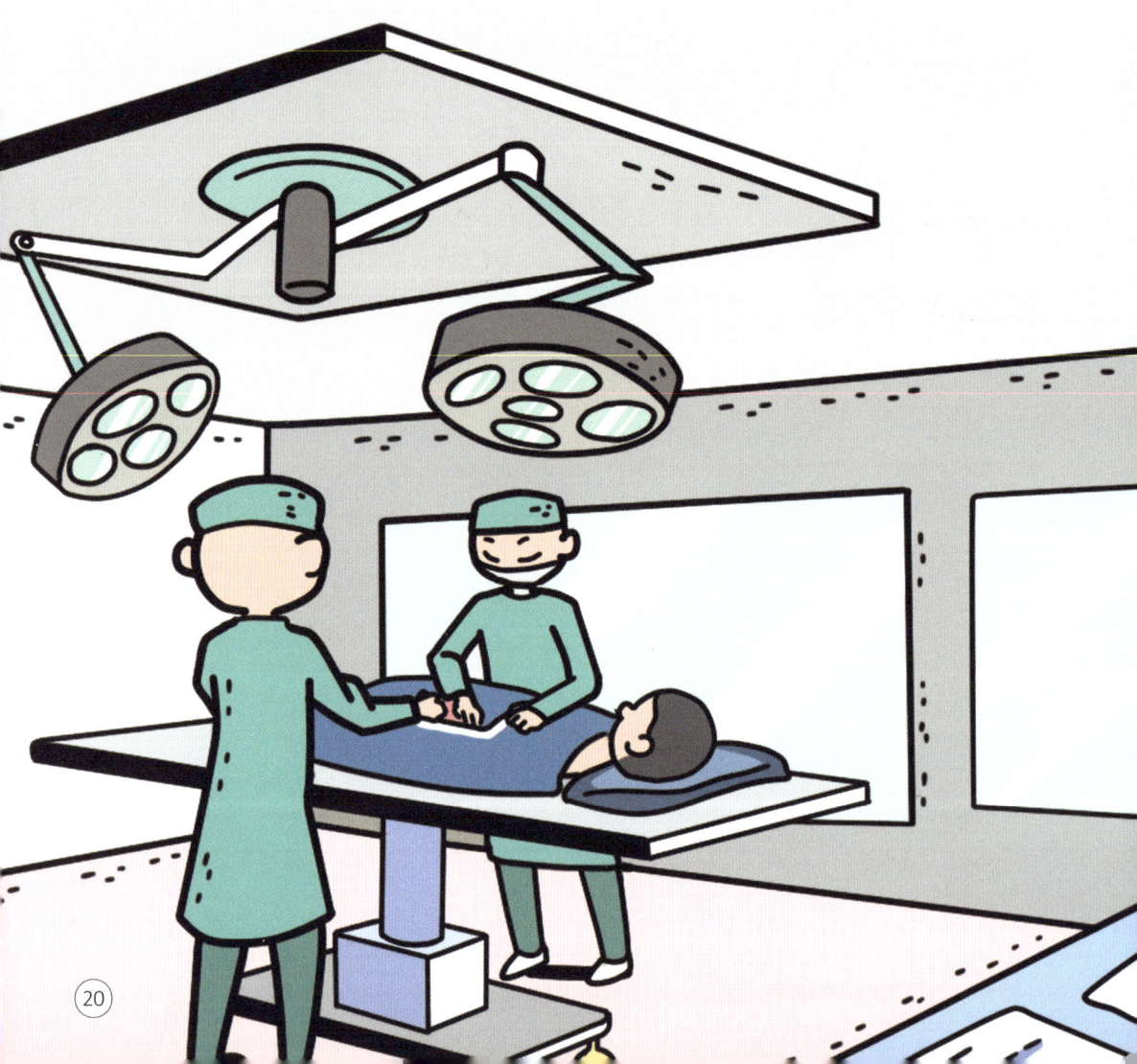

尽管基因突变造成了巨大的危害，但它也有着自己独到的功劳。

很久以前，最古老的动物栖息在水里，随着环境改变，为了拓展生存空间，更好地适应陆地环境，一部分鱼类基因突变，登上陆地，演化出了四肢。后来，也是由于基因突变，古猿逐渐演化成了现代人。可以说，生物进化与基因突变息息相关。

主编有话说

以变异为核心的进化是生命所固有的特性，生命会一代一代地产生基因突变，而突变可以通过遗传在下一代积累加强。生物进化就是生物在一代代的传承中发生遗传改变的过程。

Day3 基因技术的应用
——基因测序

基因是如此重要，因此科学家们致力于洞悉基因的奥秘，破译这生命的密码，借助的关键技术就是"基因测序"。

"基因测序"是一种新型基因检测技术，能够从生物细胞中分析测定基因全序列，是人们识别病毒、诊治疾病的好帮手。

所有有细胞的生物都可以进行基因测序，这样就可以收集很多病毒信息了。

运用第一代基因测序技术，可以给病毒基因生成一份"罪犯资料"，从而锁定病毒基因的特征，让它无处可逃。

还敢跑？跑到天涯海角我也要捉到你！

不过，早期的基因测序技术需要耗费大量时间。

2002到2003年，SARS（重症急性呼吸综合征）肆虐，科学家们耗时5个多月，才最终确认它是一种未曾出现过的冠状病毒。

现在的第三代和第四代基因测序技术更加发达、更加便捷。

第三代和第四代基因测序技术使用了更先进的方法，可以把排查范围进一步缩小，甚至可以直接找到某段 DNA 上发生异变的核苷酸，从而实现快速排查病因的目的。

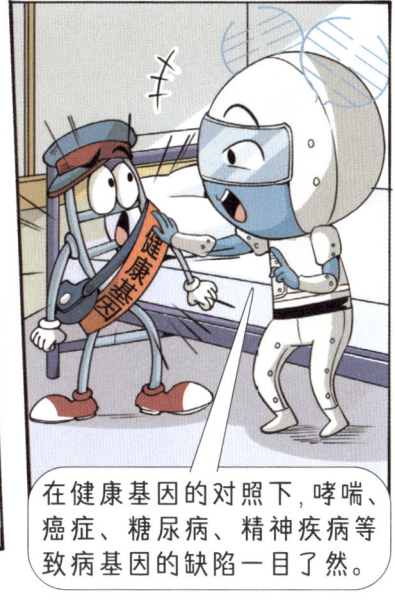

在健康基因的对照下,哮喘、癌症、糖尿病、精神疾病等致病基因的缺陷一目了然。

有些致病基因会在人体中潜伏,平时不会表现出来。这时,通过基因筛查,可以预防并提前治疗疾病。

基因测序还能用于肿瘤的治疗。在患病前评估受检者罹患肿瘤的风险,并实施有效的监测、预警和干预,降低癌症发病率;当肿瘤形成时,及时介入肿瘤的早期诊断,协助分析肿瘤类别,快速寻找治疗方案,提高治愈率;在肿瘤愈后继续监控,及时、准确地监测肿瘤的复发情况,以利于及时治疗。

Day4 基因技术的展望
——基因图谱

随着基因测序技术的发展，我们有望能绘制出大规模人群的<u>基因图谱</u>，这在生物研究、医药保健方面有着广阔的前景。二代测序的普及使低成本基因组测序成为可能，在精准医疗和大数据的加持下，大规模人群测序成为流行病学研究的重要方向。

对数万人甚至数百万人进行基因测序及队列研究可以揭示疾病的病因、评价预防效果、揭示疾病的自然史、掌握人口健康状况、引导实验设计、指导临床和早期诊断干预策略，从而提高疾病防治水平，降低社会卫生负担。

Day5 基因技术的宏伟工程
——基因组计划

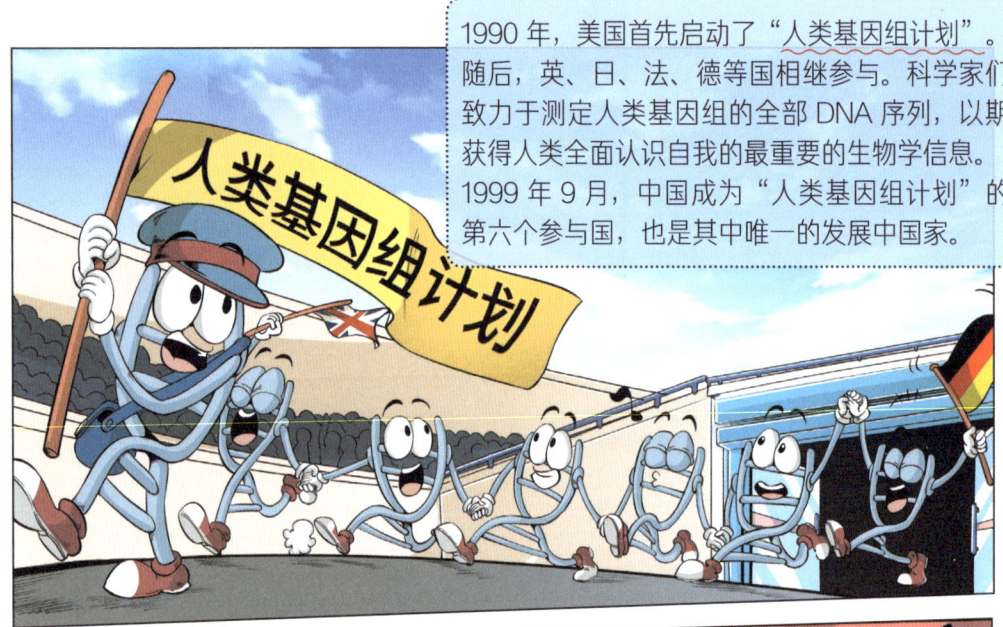

1990年，美国首先启动了"人类基因组计划"。随后，英、日、法、德等国相继参与。科学家们致力于测定人类基因组的全部DNA序列，以期获得人类全面认识自我的最重要的生物学信息。1999年9月，中国成为"人类基因组计划"的第六个参与国，也是其中唯一的发展中国家。

"炎黄计划"是对100个黄种人进行基因组测序的工程。2008年11月6日，深圳华大生命科学研究院（原"深圳华大基因研究院"）在Nature杂志上发表了首个针对亚洲人基因序列的研究成果，宣布"炎黄计划"参照基因测序的完成。目前，我们已经建立了首个亚洲人基因数据库，以便于数据的共享和管理。

1998年，"国际水稻基因组测序计划"正式启动，中国与日本、美国、法国、韩国、印度等一道成为参与这一计划的成员国。2002年12月12日，中国宣布水稻基因组"精细图"已经完成。水稻基因组计划的研究包括水稻基因组测序和水稻基因组信息，是继人类基因组计划后的又一重大国际合作的基因组研究项目。

2009年，科学家们从4 000年前的古代人类头发中提取出细胞核DNA碎片，并完成了世界首例古人类全基因组的深度序列测定和解读工作。研究证明，在现代美洲原住民迁徙到美洲之前，还有更早一批黄种人群体经西伯利亚迁徙到美洲，为解决这一人类演化历史中的重大问题提供了根本性证据。

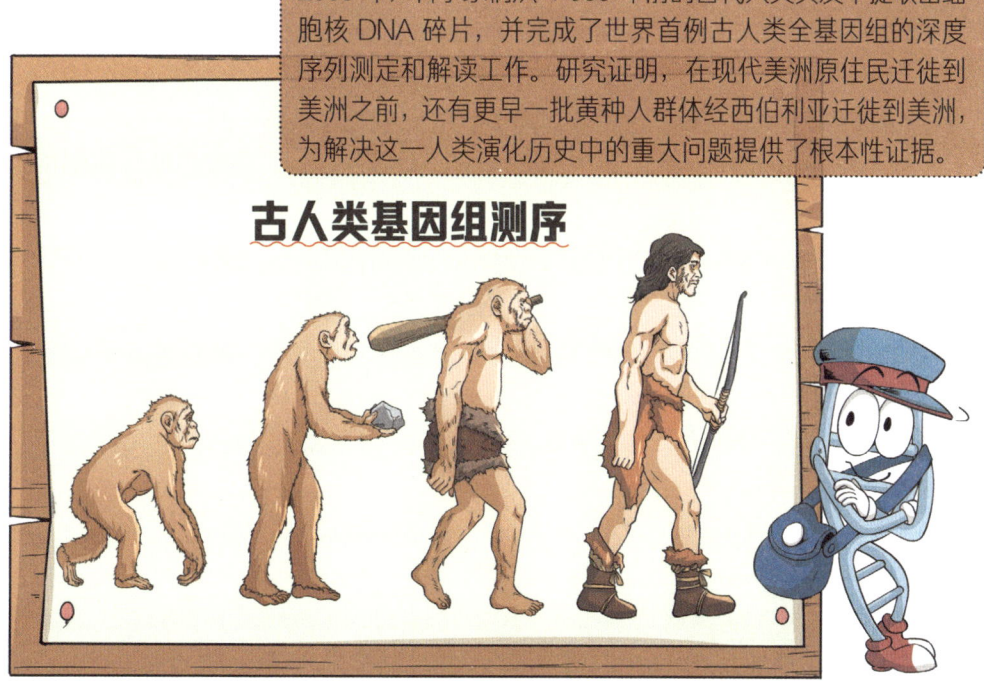

古人类基因组测序

章节小练 EXERCISE

选一选

01 遗传多样性是指存在于生物个体内、单个物种内以及物种之间的（　）。

A. 生态多样性

B. 物种多样性

C. 基因多样性

<六年级　科学>

02 "基因"一词的含义不包括（　）。

A. "gene"的读音

B. 生命中最基本的因素

C. 生命中最重要的能量

<六年级　科学>

03 细胞核内容易被碱性颜料染成深色的物质是（　）。

A. 染色体

B. 线粒体

C. 叶绿体

<六年级　科学>

04 人类的全部遗传信息是分段储存在（　）对染色体中。

A. 23

B. 24

C. 25

<六年级　科学>

05 下列关于基因突变的说法中正确的是（　）。

A. 基因突变的结果是随机的

B. 基因突变大概率是有益的

C. 基因突变在自然界中极其罕见

<五年级　科学>

填一填

06 基因的特性包括 _____ 和突变。

五年级　科学

07 _____ 是一种新型基因检测技术，它能够从生物细胞中分析测定基因序列，是人们识别病毒的好帮手。

六年级　科学

08 _____ 是"精准医疗"的基础，可以给患者匹配最合适的治疗手段。

八年级　科学

09 "炎黄计划"是对100个 _____ 进行基因组测序的工程。

六年级　科学

10 _____ 研究包括水稻基因组测序和水稻基因组信息，是继"人类基因组计划"后的又一重大国际合作的基因组研究项目。

第二章 仿生技术

　　创新从发现需求开始，或许，你已经发现了一些有趣的需求和问题，打算跃跃欲试地行动起来，实践一番。可是，发现问题容易，难的是如何解决问题。说来你可能不信，模仿是创新的基础。你可能会感到困惑，老师说过，作文要自己写，不要抄别人的，模仿不就是抄吗？其实，模仿的价值远远超出你理解的照搬照抄。人类文明的进步和科技的发展都离不开模仿。

　　模仿从我们的身边开始，当我们了解了自己之后，就可以去了解我们身边的世界。离我们最近的，就是一起生活在地球这个家园的动植物。远古时期，人类的古猿祖先发现动物皮毛可以抵御寒冷，于是开始捕猎动物，取下它们身上的兽皮披在自己身上，这就完成了一个从兽皮到皮衣的简单模仿。人类除了模仿动物，还会模仿植物。比如中国古人下雨天的装备"青箬笠，绿蓑衣"，其制作的灵感就来源于常见的箬叶和蓑草等植物。蓑草叶片有出色的防水功能，而且叶片中空，编织成的蓑衣不仅轻便而且透气。

后来，人类社会逐渐发展，对于动物的模仿就不再局限于表面现象了。

你可能会说，人类文明已经发展到现在的程度了，还有哪些我们可以模仿借鉴的呢？是不是都被前人充分利用了呢？当然不是！伟大的自然不仅为人类提供阳光、空气、食物和水，还无私地为人类留下了无尽的灵感宝藏。只要你善于发现、善于思考，大自然依然是你取之不尽、用之不竭的思想宝库。不要忽略任何一种微小的生物，不论是小蚂蚁还是微生物，是小种子还是小花瓣，哪怕是一粒小小的尘埃，都可能蕴藏着巨大的科学世界。

"万物皆为师"，从观察和模仿身边的事物开始。

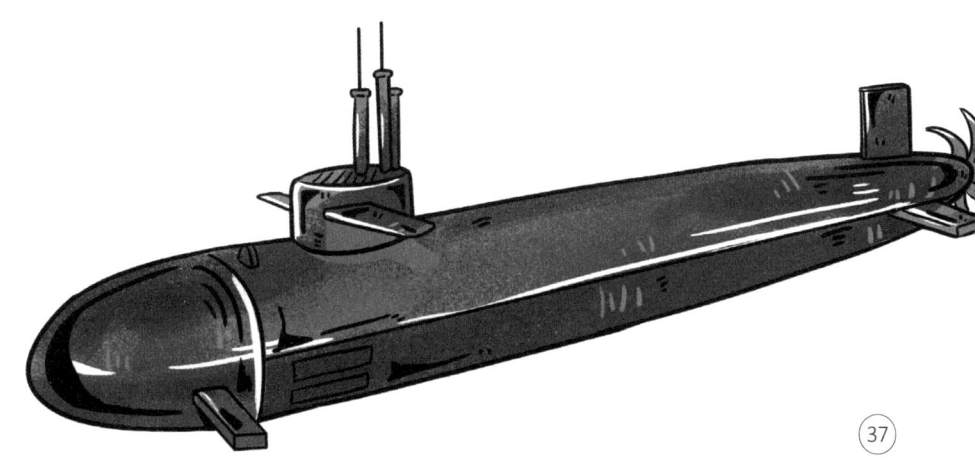

Day1
什么是仿生技术

最开始人们以为拥有鸟儿的翅膀就可以飞翔，但是经过数百年的不断尝试，人类发现真正能让鸟飞上天空的并不是它们的翅膀，而是它们掌握了利用空气压差飞翔的秘诀，就这样，飞机应运而生。自然界中还有许许多多的候鸟，每年进行长达千里的迁徙，人类发现这些候鸟有自己的导航系统，它们有的能依靠日月星辰，有的可以依靠地磁场，就这样，新式导航仪器应运而生。当然，我们人类也是自然界的一员，我们也从自己的身上找点子，于是，模仿人类大脑运作方式的类脑计算机技术得以研发，这让计算机实现更加高速的运转和计算。

所以你发现了吗？仿生技术就是向自然界中的生物学习，学习它们的"生活经验"，将其应用到人类的科技发展中的一项技术。也就是说，自然界中的一切，甚至包括人类自己，都是值得学习的。

现代社会中许多常见的或者是前沿的技术中，我们都能看见"仿生"的身影。可以说，仿生技术渗透在了许多个学科中，物理、化学、生物、数学等都可以使用到它。同时，仿生技术也有不同的分类和应用：有模仿生物结构的结构仿生，比如模仿蚊子吸血时使用的口器来研究无痛注射器；有模仿感知、运动等高级动物功能的功能仿生，比如模仿蝙蝠的超声波回声定位研究出来声呐。除了结构仿生和功能仿生外，还有材料仿生、力学仿生等不同的仿生技术，它在不同的领域、不同的环境中发挥着越来越大的作用。

Day2 从动物身上找点子

羽绒服
材　质　鸭绒、鹅绒
特　点　隔热又保暖

羊毛衫
材　质　绵羊毛
特　点　厚实、安全
　　　　感十足

毛衣
材　质　聚丙烯腈纤维
　　　　（腈纶）
属　性　人造化学纤维
特　点　又弹又蓬松

棉衣
材　质　棉花
属　性　植物—草本
特　点　温暖柔和

很久很久以前，人类的祖先森林古猿的身体上有很多体毛，像大猩猩一样。人类在进化的过程中，身上的毛发越来越少，最终几乎全部退化。人类没有了体毛，不再被跳蚤等讨厌的寄生虫困扰，但是却要面对夏天的蚊虫叮咬和冬天的冷风刺骨，为了生存，人类把目光投向了身边的动物和植物。从简单地把植物叶子和兽皮披在身上，到提取植物纤维和动物毛发纤维编织成各式各样的衣服，再到最终模仿动植物纤维制造出人造纤维，人类从动植物身上获得了大量的灵感。

为了不受风吹日晒,防御蚊虫叮咬,人类想到用植物的叶子来保护身体,可能这就是最早的衣服吧!树叶衣服虽然能起到保护身体的作用,但是到了冬天却并不暖和。

延伸知识

那么,远古人类怎么挨过寒冷的冬天呢?

原来,远古人类很早就学会了用火取暖,但如果离开了火源,身体还是会被冻僵。后来,有人将被丢弃的动物皮毛披在身上,没想到保暖效果很好,身体立即暖和起来。从此,兽皮就成为人类的第二件衣服。

棉

棉、麻、丝、毛并称为四大天然纤维。棉是由从棉桃吐出的棉絮中提取出的纤维制成的。棉花是双子叶植物,是唯一一种由种子生产纤维的农作物。大约在汉朝时期的新疆地区,人们就已经开始种植棉花了,但它当时不叫棉花,而是叫"白叠子",用棉花制成的布叫"白叠布"。后来这种白叠布通过丝绸之路卖到中原地区,在当时是一种很稀罕的布。

延伸知识

是衣服,也是伪装!

用兽皮制成的衣服不仅能保暖,还能帮助原始人类伪装自己,从而迷惑猎物。原始人类常常披着整张兽皮去接近猎物,等到猎物发现不对劲时,早已没有逃跑的机会了。

赏棉花,你可曾听过?

大约在唐宋时期,棉花才通过陆上丝绸之路和海上丝绸之路来到中原。棉花刚到中原时,人们并没有把它作为纺织原料使用,而是当作可以观赏的花卉。

棉花被用于做衣服

到了南宋末年,人们发现了棉花的真正用处,用它做成的衣服又轻又软,既保暖又便宜,于是棉衣很快取代了皮毛做的衣服。从此,人们开始推广棉花种植,而用棉花做成的棉衣、棉袄、棉被则成为中国人冬天的保暖法宝。

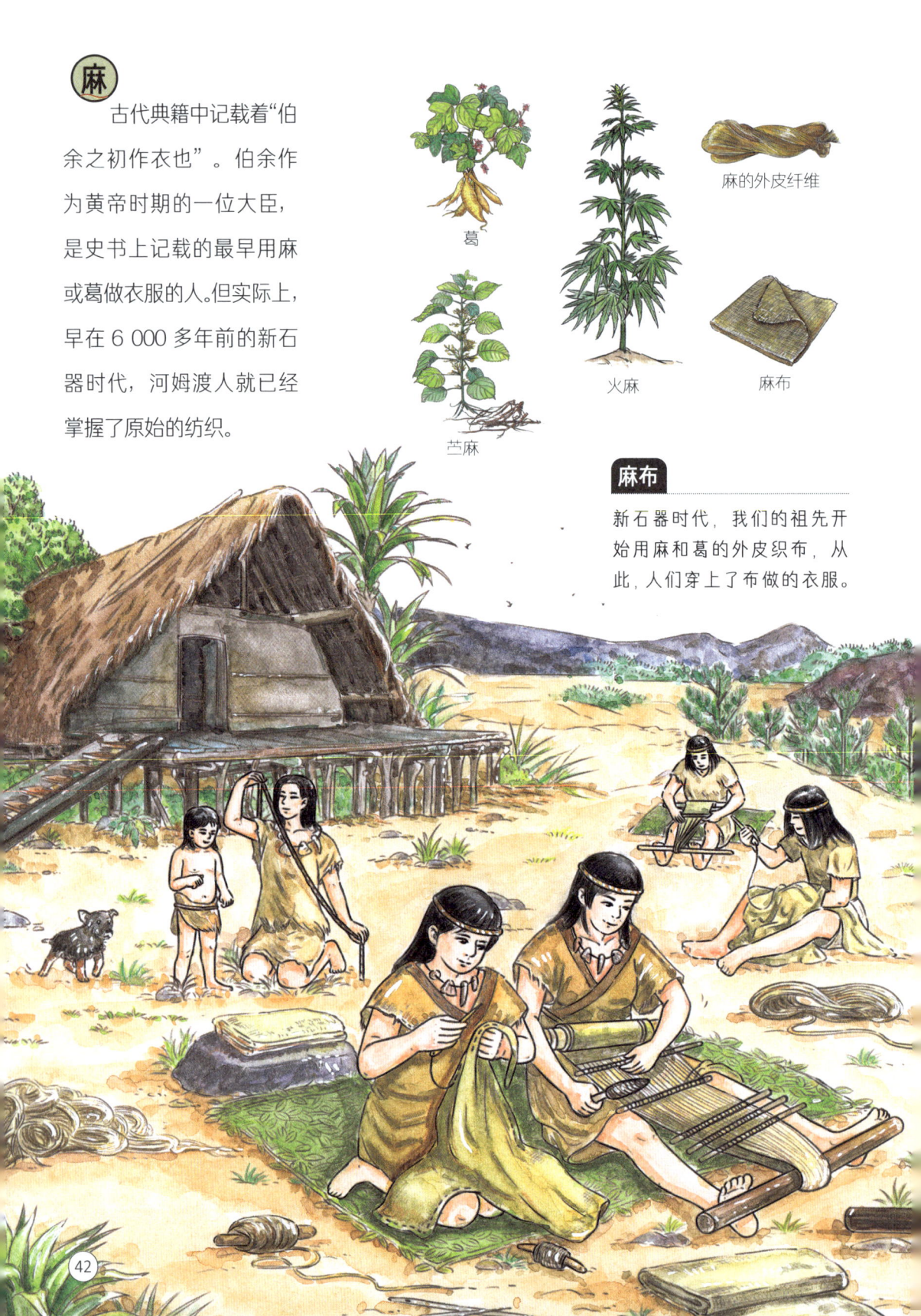

麻

古代典籍中记载着"伯余之初作衣也"。伯余作为黄帝时期的一位大臣，是史书上记载的最早用麻或葛做衣服的人。但实际上，早在 6 000 多年前的新石器时代，河姆渡人就已经掌握了原始的纺织。

葛

麻的外皮纤维

苎麻

火麻

麻布

麻布

新石器时代，我们的祖先开始用麻和葛的外皮织布，从此，人们穿上了布做的衣服。

丝

丝绸是一种高档的纺织品。历史典籍中记载，黄帝的妻子嫘祖发现了蚕茧，并发明了养蚕的技术。传说蚕茧最初被当作食物采摘回来，但任凭怎么煮都嚼不烂，也不怎么好吃。聪明的嫘祖发现搅拌蚕茧的棍子上缠着很多细丝线，认为这种东西一定大有用处，于是采集蚕茧并发现了蚕吐丝的秘密。后来，嫘祖尝试将蚕丝织成布，没想到，蚕丝织成的布料手感光滑，轻盈绚丽，受到人们的喜爱。从此人们开始大量种桑养蚕。

> **延伸知识**
>
> **比黄金还贵的丝绸**
>
> 公元前1世纪，传说，罗马帝国的恺撒大帝曾穿着丝绸做成的袍子去看戏，在戏院引起了轰动，所有人都羡慕极了。后来，贵族们争相购买中国丝绸，导致丝绸在罗马的价值甚至超过了黄金。

丝绸

毛

毛和丝都是动物纤维，毛主要指动物的发毛和绒毛。羊毛、骆驼毛、兔毛、牦牛毛等都可以做成轻柔保暖的衣物，但是最常见的还是羊毛。

Day3 从"薅羊毛"到"模仿羊毛"

除了棉、麻、丝、毛四种常见的天然纤维，人们还从鸭、鹅等禽类动物身上发现了更加保暖的羽绒。

老板！有没有既保暖又不会缩水的衣服啊？

当然有啦！我带您看看！

确实挺暖和的。

不是我自夸，我这儿的羽绒服里全是鹅绒，鹅绒可是所有衣服材料里保暖性最好的。

羊毛　　鹅绒　　蚕丝　　棉花

羽绒服为什么那么暖和？

羽绒服中的羽绒由"羽"和"绒"组成。

绒朵是云朵状结构的，由绒核和绒丝组成。

"羽"比较硬，起支撑作用，可以让羽绒有弹性。

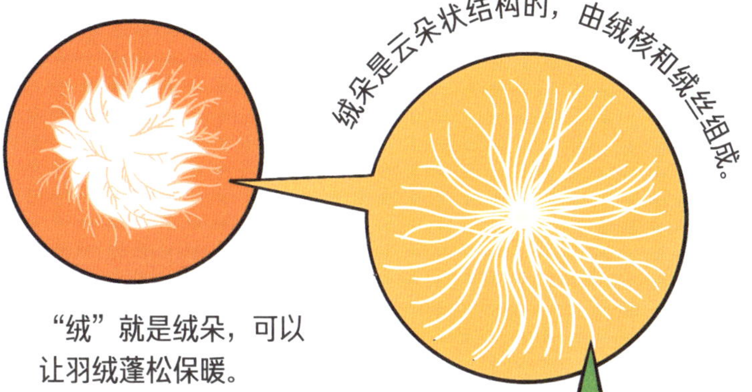

"绒"就是绒朵，可以让羽绒蓬松保暖。

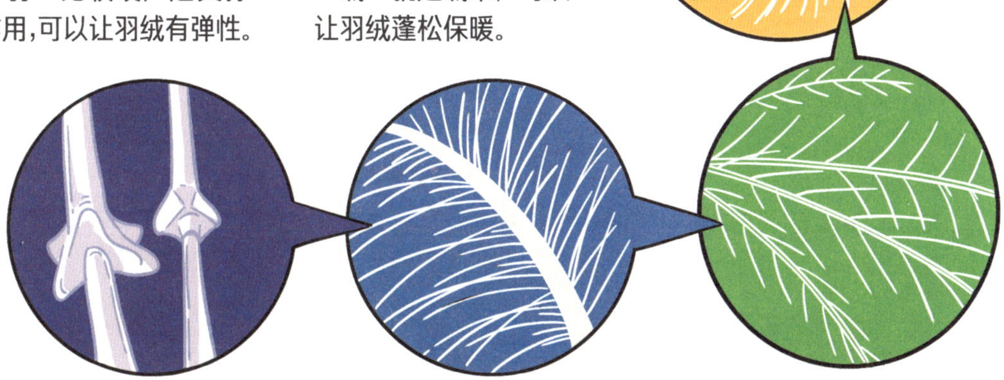

绒丝上有许多绒枝。

绒枝上又有许多绒小枝。

绒小枝上有许多节点和数不清的微小孔隙。

暖空气　出不去！

冷空气　进不去！

这些结构中存在着大量缝隙和孔洞，可以容纳大量空气，构成了完美的绝缘层，阻止了内部暖空气和外界冷空气的交换。

羽绒主要来自鸭或鹅的颈、胸、腹、翅下等部位，只占全身羽毛的 8%~10%。

人类模仿动植物纤维,制造出了人造毛、人造棉和人造丝,如涤纶、腈纶、锦纶等化纤产品,都属于常见的人造纤维和合成纤维。

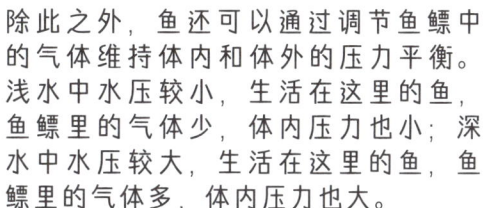
鱼鳔

鱼鳔是鱼的重要器官,如果你见过爸爸妈妈做鱼前清洗鱼腹,就能看到这个器官,俗称鱼泡。它看起来像个半透明的气球,里面充满了气体。

鱼鳔收缩排气,鱼身下沉。鱼鳔充满气,鱼身就能上浮。这就是鱼儿潜游的秘密。

除此之外,鱼还可以通过调节鱼鳔中的气体维持体内和体外的压力平衡。浅水中水压较小,生活在这里的鱼,鱼鳔里的气体少,体内压力也小;深水中水压较大,生活在这里的鱼,鱼鳔里的气体多,体内压力也大。

这还不简单,是那个东西嘛!

对对对,就是那个东西!

可是,虽然我会利用鱼鳔上游和下沉,但却不知道为什么会这样。

到底是什么东西嘛!

神奇的密度

这个神奇的"东西"就是"密度"。世间万物都是由"分子"组成的,分子分布的疏密程度叫作密度。对于水来说,密度比水小的物体会浮在水面上,密度比水大的物体会下沉到水中或者水底。就拿油和水这两种常见的液体来说吧!

▶ 延伸知识

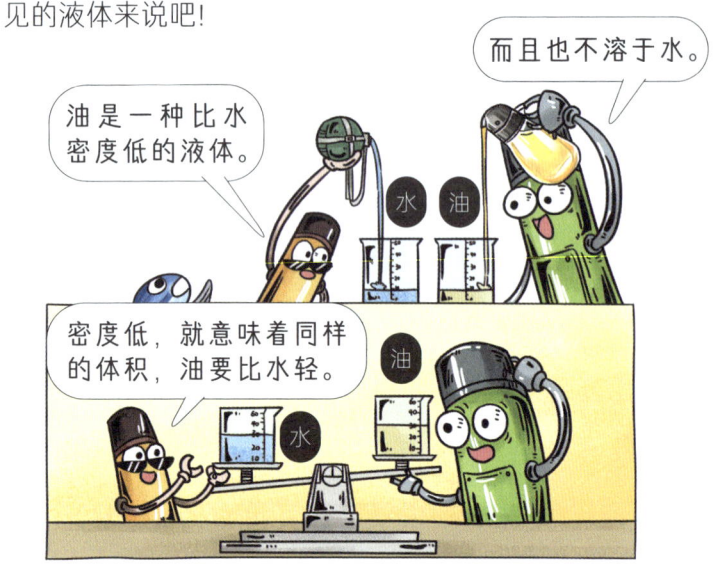

饮用水的密度是 $1×10^3$ kg/m^3。密度的单位是 kg/m^3,读作千克每立方米。如果把一个体积是 1 立方米的容器里装满水,则水重 1 000 千克,也就是 1 吨。煤油的密度是 $0.8×10^3$ kg/m^3,也就是说,体积是 1 立方米的容器里装满煤油,煤油重只有 800 千克。

> 油是一种比水密度低的液体。

> 而且也不溶于水。

> 密度低,就意味着同样的体积,油要比水轻。

如果把同样体积的油和水倒在一个容器里,就会发现,密度比水小的油以小油滴的形式往水面上跑,最终,油和水会有一条清晰的分界线。

> 因此,只要是密度比水小的物体,投入水中后都会在浮力作用下上浮。

> 你看,密度更小的油滴在水里是往上跑的。

> 哇!

密度"改造"

不同物质有不同的密度,这个密度值通常是固定的。不过,我们可以动动脑筋,"改造"物质的密度大小,为我们所用。动手做做下面的实验,观察鸡蛋能不能浮起来吧。

主编有话说

一杯普通的水不能托起熟鸡蛋,但一杯加了盐的水却可以轻松把熟鸡蛋托起来,这是因为液体的密度发生了改变。当我们往水中倒入食盐后,水中同时存在氯化钠分子(食盐的主要成分)和水分子。水里的分子变多了,密度也变大了,这种加了盐的密度大的水叫盐水。

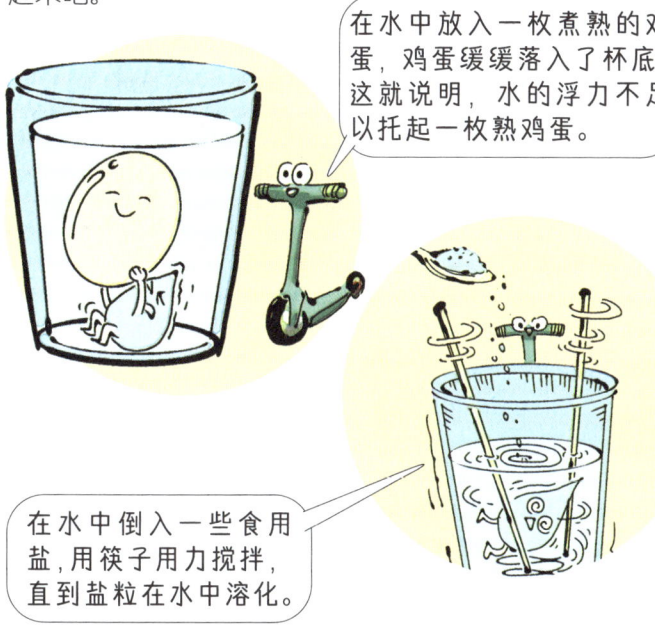

在水中放入一枚煮熟的鸡蛋,鸡蛋缓缓落入了杯底。这就说明,水的浮力不足以托起一枚熟鸡蛋。

在水中倒入一些食用盐,用筷子用力搅拌,直到盐粒在水中溶化。

再次把熟鸡蛋放入水中。你们猜猜看,盐能不能帮助水拥有更大的浮力呢?

既然水的密度可以"改造",是不是别的物体的密度也能"改造"呢?看这艘潜艇,由于人类不断地向鱼儿学习,对它进行一轮又一轮的改造,这个金属外壳的大家伙终于也能像鱼儿一样自由上浮下潜了。

看,就是这个,潜艇!

潜艇的"鱼鳔"在哪里?

鱼鳔长在鱼的体内,而现代潜艇的"主力鱼鳔"大多是"长"在壳上的。

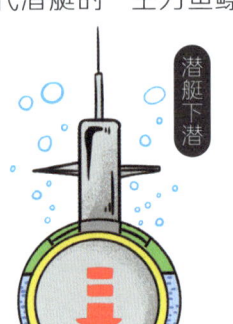

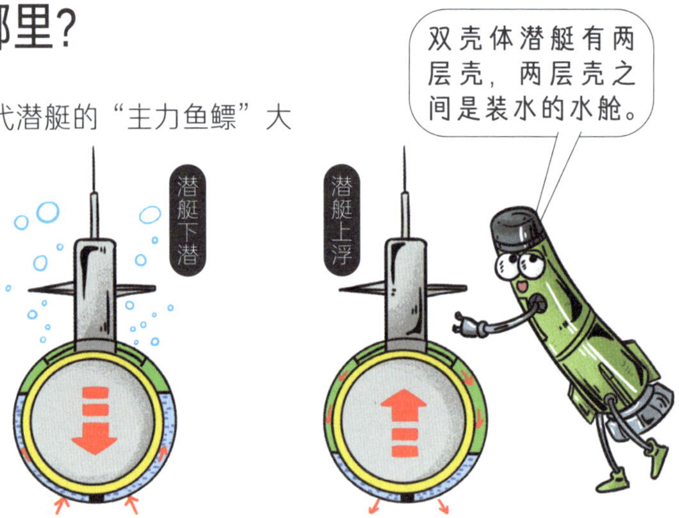

双壳体潜艇有两层壳,两层壳之间是装水的水舱。

潜艇按照艇体结构,可以分为单壳体潜艇、双壳体潜艇和部分双壳体潜艇。

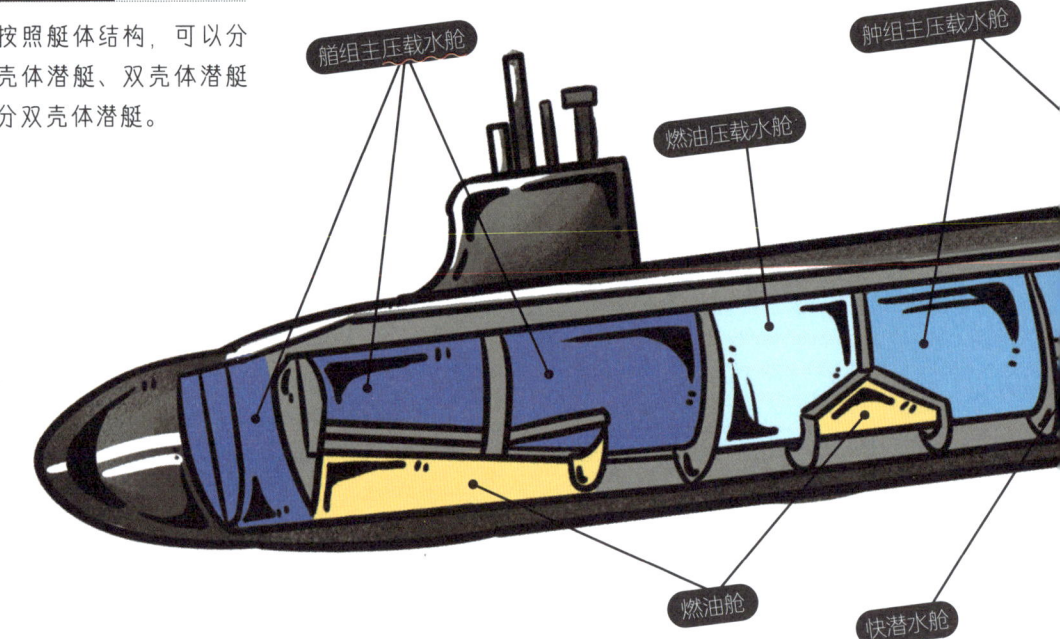

为了实现下潜,潜艇内有很多个装水的空间。如果想下潜,就需要大口"吸水",让水占满水舱。根据上浮或者下潜的需求,潜艇会选择不同的水舱"组合工作"。而将储存在潜艇里的压缩空气灌入水舱,潜艇就会上浮。

当钢铁潜艇装满了水，整个潜艇的密度等于"铁+水"的密度，自然就比水的密度高，可以实现下潜。

如果想上浮，就需要排水加气，"铁+气"的潜艇密度比油的密度还低，潜艇就会迅速上浮。

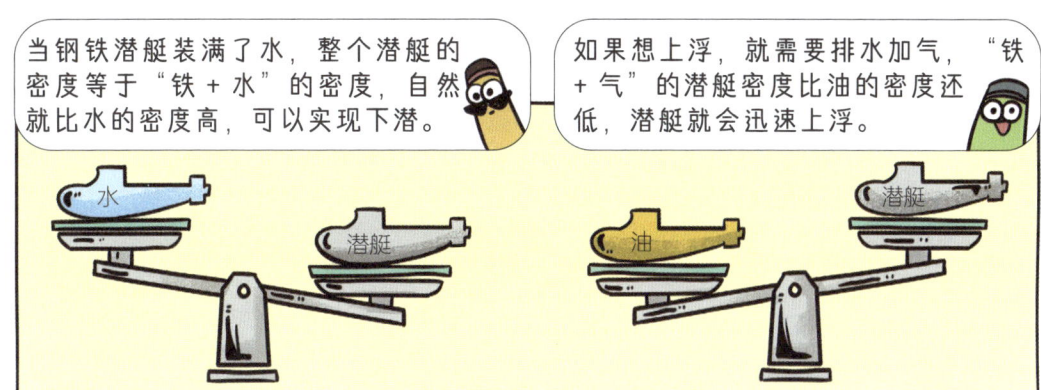

▶延伸知识

压缩空气

空气受到压力可以压缩，减小体积，压力大到一定程度气体还能液化，体积会更小。压缩空气储存的体积和形状没有限制，应用非常广泛，如汽车轮胎、飞机发动机的启动、自行车打气筒等都利用了这一原理。

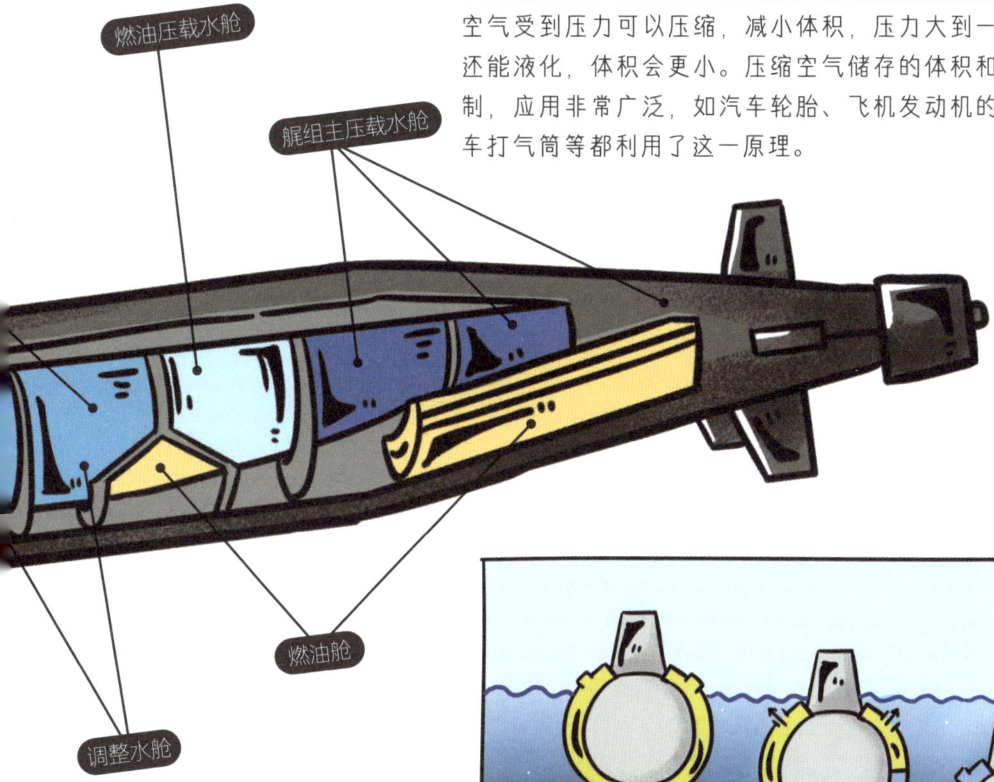

- 燃油压载水舱
- 艉组主压载水舱
- 燃油舱
- 调整水舱

潜艇压载水舱注水时的下潜过程

潜艇的"骨架"和"鳍"

解决了潜艇的上浮和下潜问题还不够,别忘了,水里不仅有浮力,还有压力。别小瞧水压,随着下潜深度的增大,潜艇承受的海水的压力也越来越大。每下潜10米,海水的压力就增加一个大气压。在300米的深海里,潜水员要承受31个大气压,相当于每平方厘米要承受约30公斤力的压力。潜水员在这种压力下,就会像被挤压住一样,连做抬手、动脚这样的简单动作都会觉得费力。对潜艇来说,水压同样具有可怕的威力。

所以,潜艇不仅需要又厚又硬的外壳,还需要最坚固抗压的特种钢材制作框架,来支撑外壳,就像动物躯体的骨架。支撑起潜艇内部的,是一层一层的"楼房"。为了尽可能地多利用艇内的空间,耐压壳圆周的大小,可以决定这艘潜艇最多是"几层楼"!

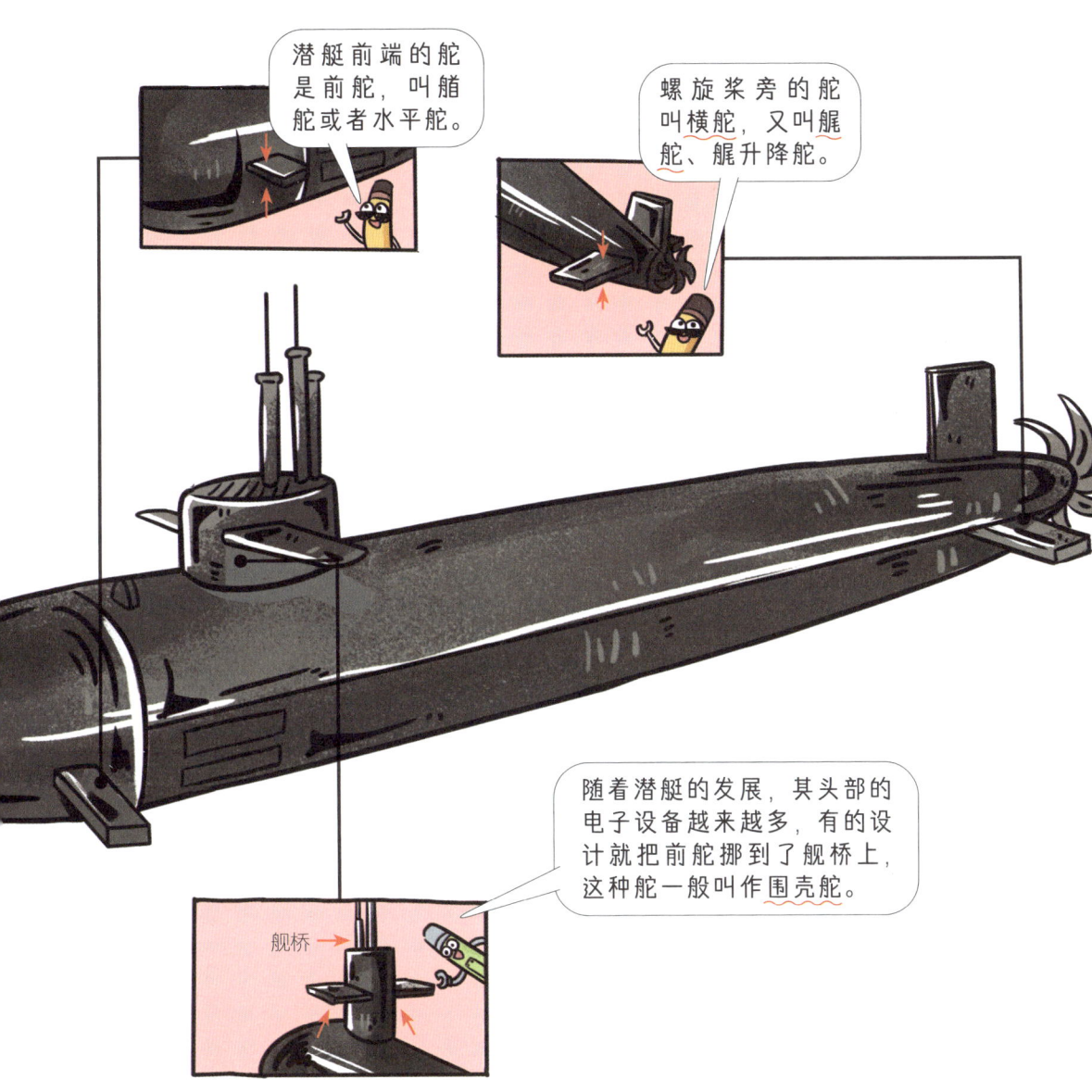

有了"鱼鳔""鱼骨"，潜艇还不能自如地游动，还需要借鉴鱼类的鱼鳍。胸鳍可以维持鱼在水中的身体平衡，控制自身的上浮和下沉；尾鳍可以保持身体平衡，转换游动的方向，为鱼类在水中前进提供推动力；背鳍、尾鳍、臀鳍、腹鳍，可以起到维持平衡和辅助鱼体升降的作用。潜艇不同部位的"鳍"也起到不同的作用，潜艇的"鳍"叫"舵"。

Day5 未来战士的钢铁侠战衣

你看过电影《钢铁侠》吗？电影中的普通人经过科技改造，可以自由控制战斗机甲，成为战无不胜的钢铁侠。其实，现在科学家已经在研发一种机械外骨骼，这种机械外骨骼可以大大增强士兵的作战能力。而这种机械外骨骼的发明也是受到一种生物的启发。

电影里能飞天遁地的单人机甲，实际名称为"外骨骼系统"。它模仿节肢动物的坚硬外壳，能代替人类发力。最初的外骨骼需要能量供给，叫"有源外骨骼系统"。完整的外骨骼系统能够将使用者的力量放大 20~30 倍，但外骨骼系统本身重数百千克，维持这套系统的能源供应也是个问题。

▶延伸知识

节肢动物的肢体和躯干都是一节一节的，还有硬硬的外壳覆盖身体，这个外壳由上皮细胞分泌而成，称为"外骨骼"。节肢动物没有骨骼支撑身体和保护内脏，外骨骼就起到有效的保护作用。人类是脊椎动物，有骨骼支撑身体，如果再穿上一套外骨骼机甲，变为双层保护，在战斗中一定如虎添翼。

为了解决轻量化和能源供应问题，科学家将目光转向了小型无源自动化机械。人类走动的过程中有很多弯曲和直立的动作，浪费了很多能量。

跟着地期　站立中期　推离期　双肢负重期　摆动前期　摆动中期　摆动后期

如果能减少这部分能量的浪费，或者把这部分能量收集起来，会产生什么样的结果呢？举个例子，如果你拧掉自动铅笔的笔帽，认真观察自动铅笔推出笔芯的过程，就会发现按压之后的四个动作是"一气呵成"的。这是因为自动铅笔里的弹簧和导杆，让自动铅笔在一次按压的过程里自动完成四个动作。这是因为弹簧具备储能的功能，自动铅笔的"全自动"就是一种"机械储能"再释放的过程！

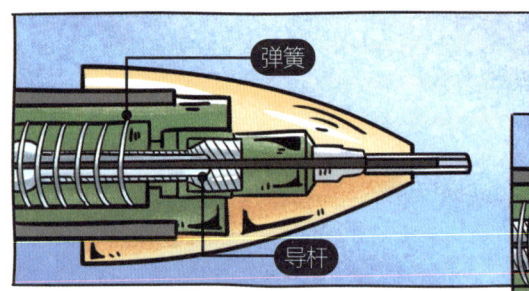

导杆下压

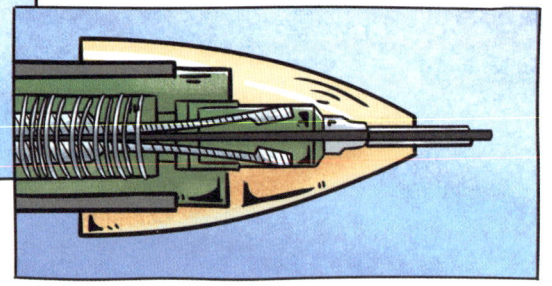

推出定长铅芯，爪瓣打开

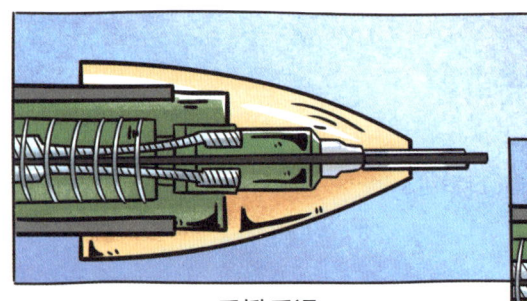

爪瓣后退

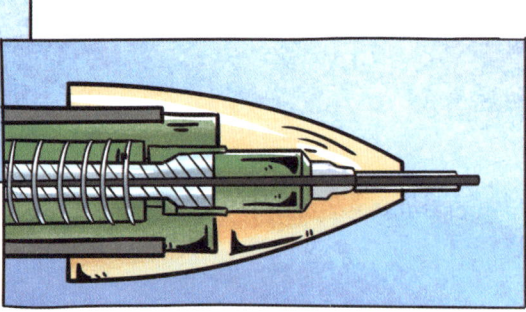

抓紧铅芯

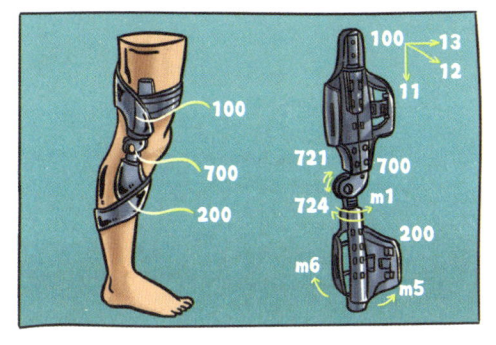

现代外骨骼系统可以模拟人体肌肉和肌腱,可以储存、释放和传导形状变化过程中的"能量",将人体运动过程中的能量循环利用。比如现代外骨骼系统可以在人弯腰的时候储存能量,在起身的时候释放能量,这样能给人类省下不少劲儿!

因为没有动力源,所有的发力源头都是佩戴者,所以无源外骨骼结构很少使用沉重的金属材料。如果外骨骼太重了,戴起来行动都困难,就别说作战了。而碳纤维材料、钛合金等技术使外骨骼系统兼具轻便与灵活的优点,满足了人们对电影中战士穿着钢铁侠外衣作战的想象。

毕竟，未来士兵计划需要大量外部设备，以及相关设备的供电和维护系统，总体重量大约是一名士兵体重的 2 倍。有了外骨骼系统的帮助，"钢铁侠"也能在现实生活中出现了。

EXERCISE 章节小练

01 以下几种哪个是天然纤维？（ ）

　　A. 腈纶

　　B. 聚酯纤维

　　C. 羊驼毛

　　D. 尼龙

02 哪件衣服冬天穿最暖和？（ ）

　　A. 丝绸连衣裙

　　B. 羊毛衫

　　C. 纯棉衬衣

　　D. 羽绒服

03 中国是从什么时期开始种植棉花的？（ ）

　　A. 汉代

　　B. 商代

　　C. 清代

　　D. 明代

04 潜水艇的压载水舱模仿鱼的哪个部位？（ ）

　　A. 鱼鳍

　　B. 鱼鳞

　　C. 鱼鳔

　　D. 鱼鳃

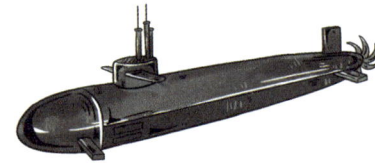

人类能创造完美生物吗？

答 "完美"是一个让人听起来心向往之但却遥不可及的状态。完美只存在于人类的想象中，更何况人类所认为的完美一定是真正的完美吗？水熊虫可以在任何严苛的环境下生存，不论是宇宙空间射线还是极度干燥寒冷，都无法让它死亡。可是，如果给人类一个创造完美生物的机会，只拥有水熊虫的生命力显然是不够的，还要拥有很长的寿命、超强的繁殖能力、让人愉悦的外表,甚至还要对人类有用处。假使人类有用科技创造生物的能力，想要创造"完美"生物，恐怕依旧不能实现，只能无限接近吧！

第三章 世纪能源

现在,让我们把视线放得再远一些。我们周围不仅有各种各样的生物,还有多彩多样的生活。在很久很久之前,人们的生活还不像现在这样便利,可是能源的出现以及能源工业的发展创新,给我们带来了全新的生活。

数十万年前,人类钻动木头,第一次使用跃动的火苗驱散了黑暗,这是人类利用能源的开端,也是文明的开端。从此,人类的文明演进与能源革命紧密地联系在了一起。

能源的开发和利用是人类社会发展的物质根基。纵观历史,人类已经历了三次能源革命——人类掌握取火技术后,摆脱了完全依附自然生存的状态,从原始文明迈向农业文明;18世纪,人类以煤炭为燃料,用蒸汽驱动机器运转,工业革命的序幕徐徐揭开;19世纪,石油、天然气的大规模开采、加工驱动内燃机成为更强劲的动力来源。与此同时,电的发现与使用让人类解决了能源长距离传输问题,一大批使用电力的设备随之产生,大幅提高了生产力,使人类文明的进程不断提速,加快了全球的工业化进程,让以工业化为标志、以机器大生产为主要生产方式的工业文明发展到了前所未有的高度。

然而，化石能源在被持续数个世纪的开采后，不仅日益枯竭，而且给地球的生态环境造成极大的破坏。化石能源在被当作燃料的过程中释放出大量二氧化碳和其他有害物质，使人类的生存环境面临威胁。

今天，面对迫在眉睫的能源危机，人类迫切需要进行一次新的能源革命——开发新能源，包括太阳能、风能、地热能、潮汐能、核能和氢能等。这次新的能源革命将以能源生产和消费的清洁化、低碳化为方向，开启人类文明进程的新阶段——生态文明。从世界范围来看，能源转型已是大势所趋，而中国秉承人类命运共同体理念，促进经济社会发展绿色转型，推动能源清洁、低碳发展，成为探索建设生态文明的先行者。

能源的利用方式也决定了文明的高度，若要走向生态文明，我们必须以更环保、更可持续的方式利用能源。在本章，我们将带领大家一起了解世界能源格局，一起探索能源与文明的未来。

Day1
能源是什么

开始工作啦,打开计算机,让各种工作软件运行起来,光标在屏幕上闪烁,就连主机风扇也像勤劳的蜜蜂一样发出"嗡嗡"的声音;到了午饭时间,张罗了一桌子好吃的,汤锅里冒着"嘟嘟"的沸腾声,电饭煲里飘出的米饭香味让人胃口大开;晚上洗澡时,打开热水器,浴室里便升腾起袅袅的热雾,惬意地举起花洒,洗去一天的疲惫……

这就是现代人的日常生活,看起来平常得几乎没有什么值得一提的地方。不过,这样的一天真的"平常"吗?

能源是现代社会的基石

热电厂通过烧煤给水加热,使其产生蒸汽,通过蒸汽使发电机持续转动,从而产生足够的电力。

作为习惯了各种现代化产品和服务的现代人,你可能会觉得这样的一天真是再平常不过了。但你可曾深入想过:是什么力量在维持这些产品和服务的持续运转呢?

我们借助计算机等电子设备高效工作,离不开电;我们得以享用一顿丰盛的大餐,离不开天然气;我们在偌大的城市里通勤,离不开汽油……电、天然气、汽油,还有更多奉献出自身能量为我们服务的物质,在这里有一个共同的名字——能源。

电力会被传输到高压线塔,然后分配到每家每户。

热电厂一刻也离不开煤炭,社会也一刻离不开能源。

可以说,能源是维系现代社会正常运转的最重要的物质基础之一,能源供应关系到国民经济的各个部门和每个社会成员的具体生活。

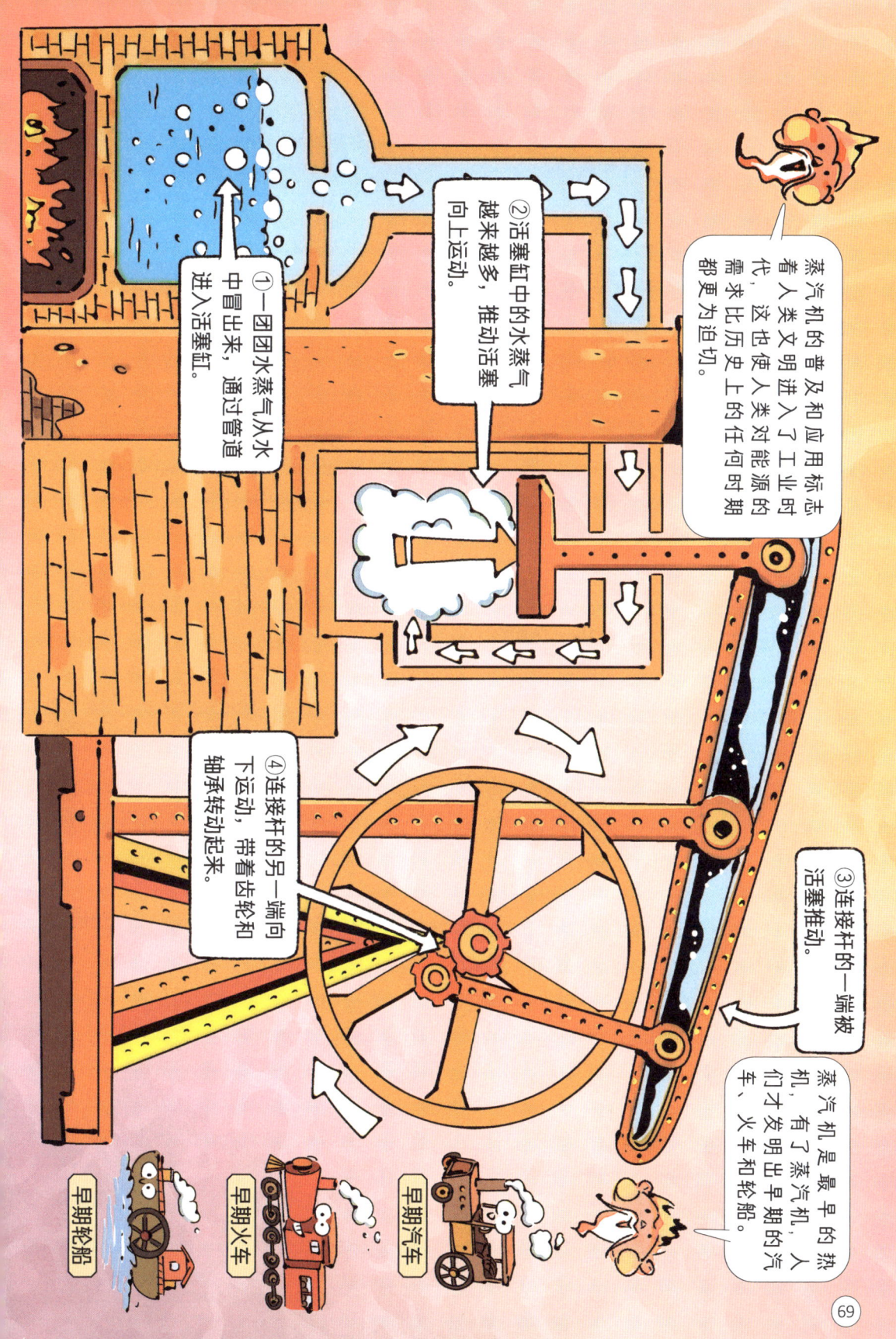

餐桌上的食物、饮料、快餐盒，厨房里的液化石油气（简称"液化气"），它们的生产过程都离不开石油。

衣橱里的衣服，房间里的窗帘、地毯大多由合成纤维制成，也属于石油产品。

居家生活中，电视、冰箱、洗衣机等电器的外壳大多是由石油生产出的材料制造的。

如果要问今天世界的能源格局中，哪种能源至关重要，毫无疑问，一定是石油。

现如今，在全球能源消费中，石油占比 1/3 以上，是占比最高的能源，全世界平均每天要消耗大约 1 亿桶石油。从石油中提炼的汽油、柴油等燃料是工业社会重要的动力燃料，拥有其他燃料无法比拟的优点，驱动着汽车、轮船、飞机上的内燃机，维系着川流不息的全球交通网。

汽油、柴油为交通工具提供动力燃料；人们用合成橡胶制造出汽车轮胎；用沥青铺路，可以让道路更加平整、结实。汽油、柴油、合成橡胶和沥青都是石油产品。

▶延伸知识

石油的价值远远不局限于作为燃料使用，它还是现代化学工业的关键原料，塑料、合成纤维、合成橡胶、炸药和化肥等的生产都离不开石油。石油及石油化工产品不仅是民生必需品，更是现代工业、农业、国防的重要基础。现代工业离不开石油，就像人体离不开血液一样，因此石油被誉为"工业的血液"。

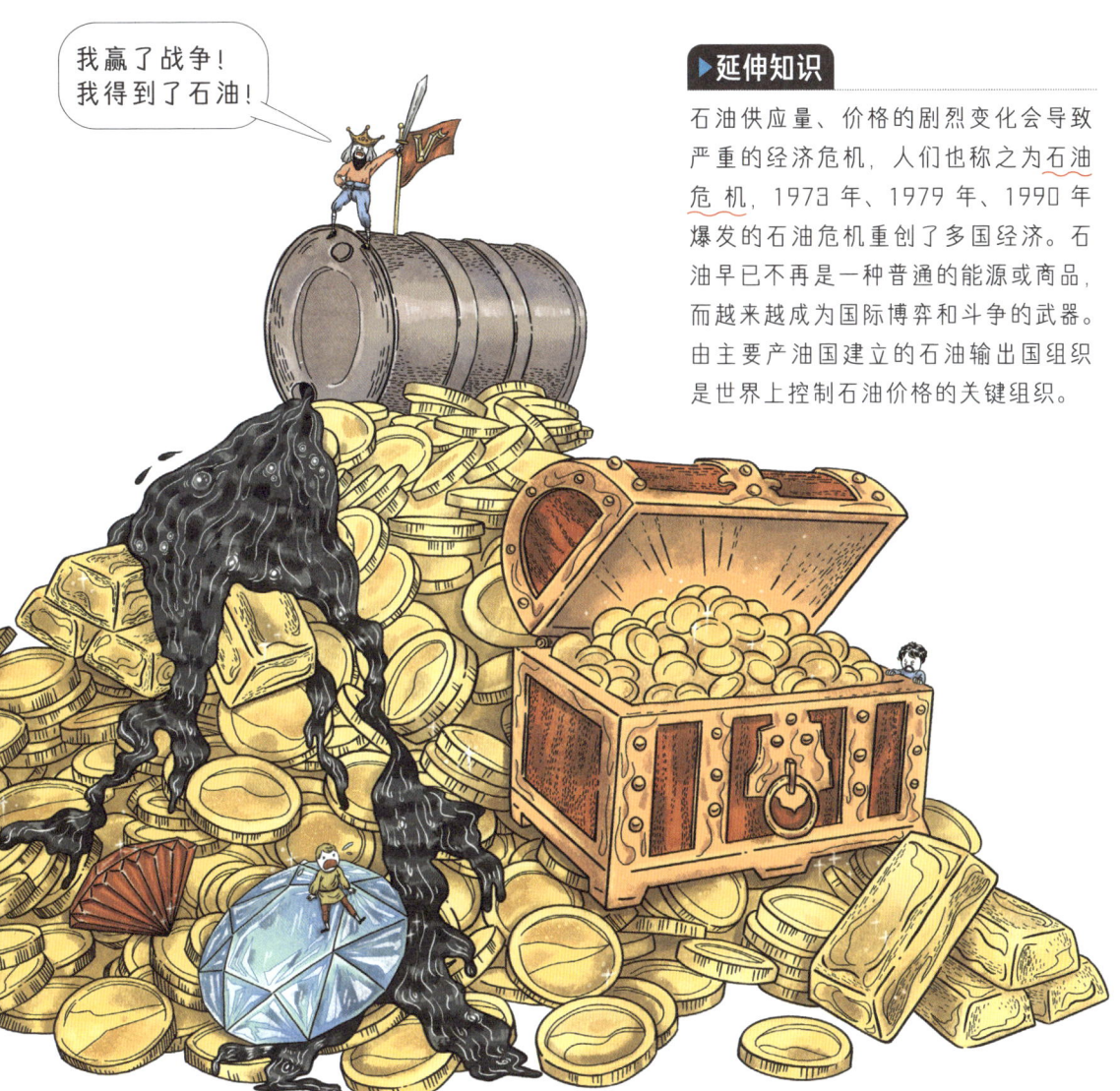

▶延伸知识

石油供应量、价格的剧烈变化会导致严重的经济危机，人们也称之为石油危机，1973 年、1979 年、1990 年爆发的石油危机重创了多国经济。石油早已不再是一种普通的能源或商品，而越来越成为国际博弈和斗争的武器。由主要产油国建立的石油输出国组织是世界上控制石油价格的关键组织。

由于现代社会如此需要能源，能源早已与世界格局紧紧地联系在一起，尤其是重中之重的石油。

石油是地球的馈赠，但这一"馈赠"的供求分布表现出高度的不平衡，全球的大油田主要分布在欧亚板块，石油储量最丰富的地区是波斯湾海域，该地区石油储量约占全球石油总储量的 50%。这种不平衡导致国际上出现了因石油问题而产生的各种纠纷、危机甚至是战争。石油深刻地影响着世界局势的走向。

Day2 能源的勘探与加工

①能源的勘探

石油存在于地下有机物聚集的地方,这些地方被称为沉积盆地。要寻找石油,就应当从这些地方开始,这个寻找过程就是勘探。

石油的勘探分为陆上勘探和海上勘探,这两种勘探方式都需要石油地质学家、地球物理学家们辛勤工作。

第1步

野外地质调查

勘探人员是一群掌握了丰富地质学知识的"狠角色"。他们携带地质锤、罗盘、放大镜等工具,在野外观察露出地表的地层和岩石。因为当石油渗出地面时,会引起岩石褪色和植被病变。勘探人员便可以通过观察这些地表现象大致了解地下岩层和石油的分布情况。

这里的石头都褪色了。

石油的形成经历了漫长的过程。人们发现的形成得最早的石油距今已有13亿年,形成最晚的也有5万年。人类的文明有多久呢?也不过6 000年而已。与石油相比,我们人类文明的时间要短暂得多。

石油的形成

远古时代,海洋或湖泊中的生物死亡后,遗骸随着泥沙一起沉到水底。

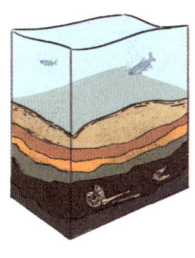

经过漫长的时间,生物遗骸和泥沙一层层堆积起来。

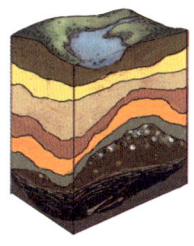

生物遗骸经历高温、高压、缺氧及细菌的分解等复杂作用后,最终形成了石油。

第 2 步

绘制地质图

地质调查结束后,勘探人员汇集整理采集到的信息,绘制出地质图。我们便可以在地质图上看到地下岩层在某个地区的分布范围和分布规律。

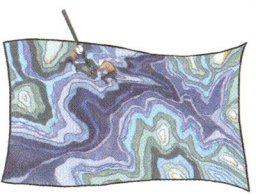

首先,工程师在地面上制造一场轻度"地震",地震波向地下传播,遇到不同岩石性质的地层时会产生不同的反射。接着,在地面上用精密的仪器把反射回来的地震波信号记录下来,从而分析和推断地下地层的构造特征,寻找可能储存石油的地层。

第 3 步

地震勘探

接下来,需要对石油分布区进行详细勘查,这时需要开展精度更高的勘探工作——地震勘探。地震勘探是最常用的石油勘探方法,在我国,自大庆油田被发现以来,绝大多数新油田都是用地震勘探的方法找到的。另外墨西哥湾油田、中东油田、里海油田等许多大中型油田也是使用这个方法找到的。

第 4 步

编制图件

地质学家与地球物理学家根据地震波反射回来的信息绘制出精度更高的地质图。通过分析地质图可以了解地下地层的构造特征和分布范围,进而推测出石油储藏的位置。

第 5 步

验证目标

钻井是验证地下是否有石油的直接办法。如果钻井后未发现石油,或是下钻处的石油储量不符合预期,就要重新评估这块地区的情况,考虑换别的位置钻井。

②能源的加工

看到这里，相信你能感受到能源是多么来之不易。人类文明的发展程度也体现在对能源的开发和加工程度上，人类认识、利用石油的历史鲜明地体现了这一点。受地下压力的影响，石油可以沿岩层缝隙上涌到地表，这就是"油苗"。一些石油埋藏深度较浅地区的古人在上千年前就认识石油了，并在劳动实践中开发出了一系列用途。但此时人们对石油的加工非常简单、粗放，谈不上深度利用。

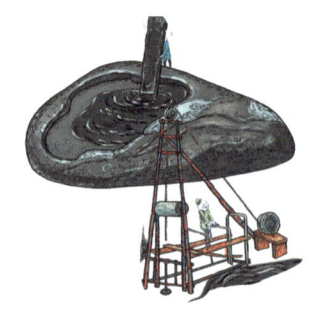

[润滑剂] 我国古人很早就发现可以把石油涂抹在车轮轴处，起到润滑的作用。

[制墨] 北宋的科学家利用石油燃烧产生黑烟这一特点，将石油燃烧后的烟烬制成了墨。

[照明] 汉朝的时候，我国古人就学会了从石油中提炼煤油，用来点灯照明。

[军用] 石油在古代战场上被称为"猛火油"，是军队攻城略地的无敌神器。

[医用] 李时珍的《本草纲目》中记载了石油拥有杀虫、治疮的作用。它特殊的气味还能驱虫。

这是一座钻机，井架高度可达 50 米。工人们在上面接钻杆，起钻，下钻，更换钻头。钻井过程中，发动机带动钻杆，钻杆再带动钻头旋转，在地下钻出圆柱形的孔眼。

钻杆由厚度很大、强度很高的钢管制成，每根长 10 米左右，顶端连接着钻头。

钻杆带动钻头快速旋转，钻头上的"牙齿"能磨碎石头，凿穿岩层。

钻机
驴头
底座
游梁
抽油杆
支架
连杆
曲柄
电动机

75

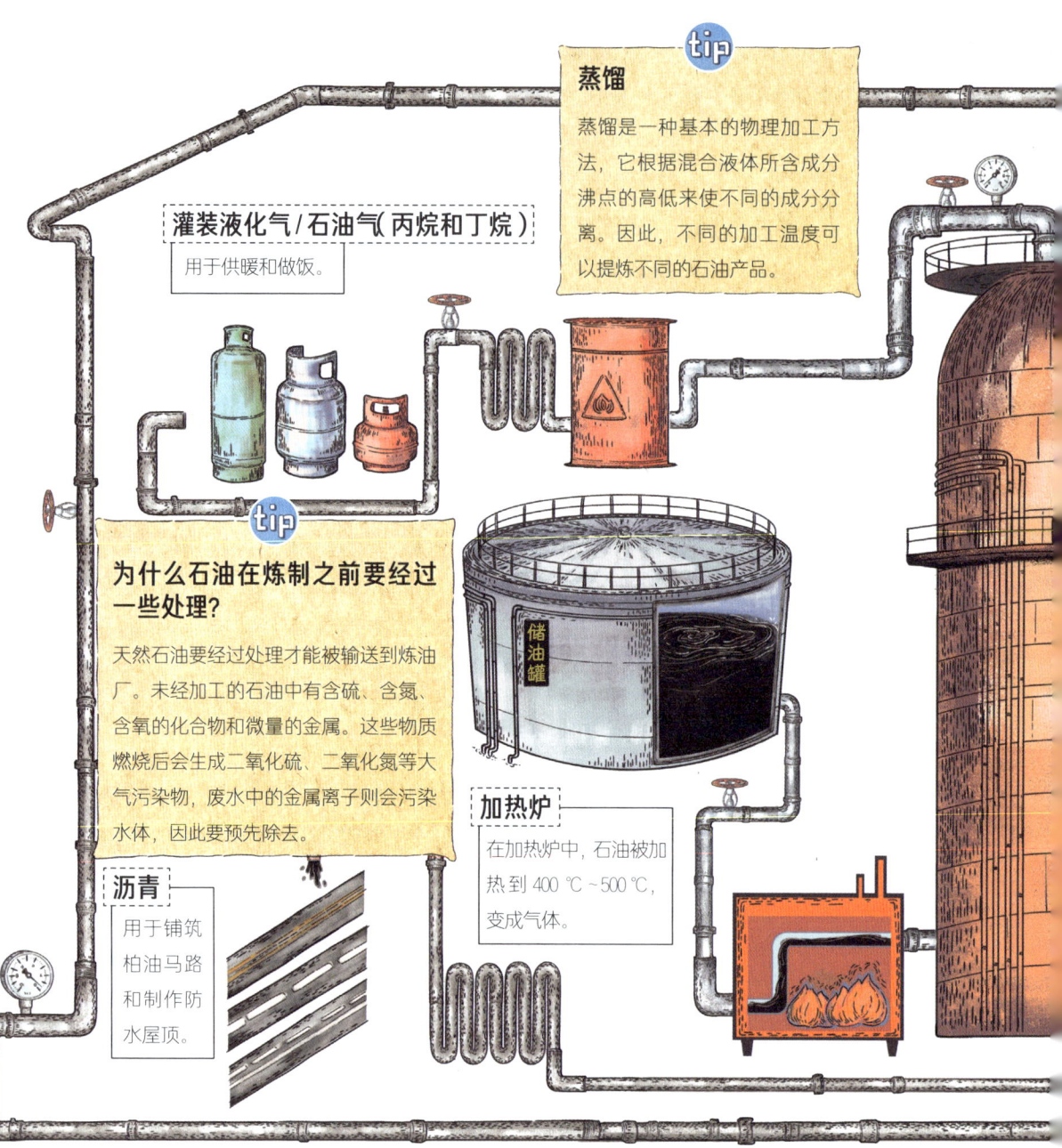

深埋于地下数亿年的石油需要经过炼制才能为人类所用。在炼油厂里，石油炼制工程师和化学工程师们把天然石油进行一系列的加工，生产出品种繁多的燃料和化工原料，这些化工原料再经过石油化工厂的继续加工，就生成了我们经常用到的各类石油产品。

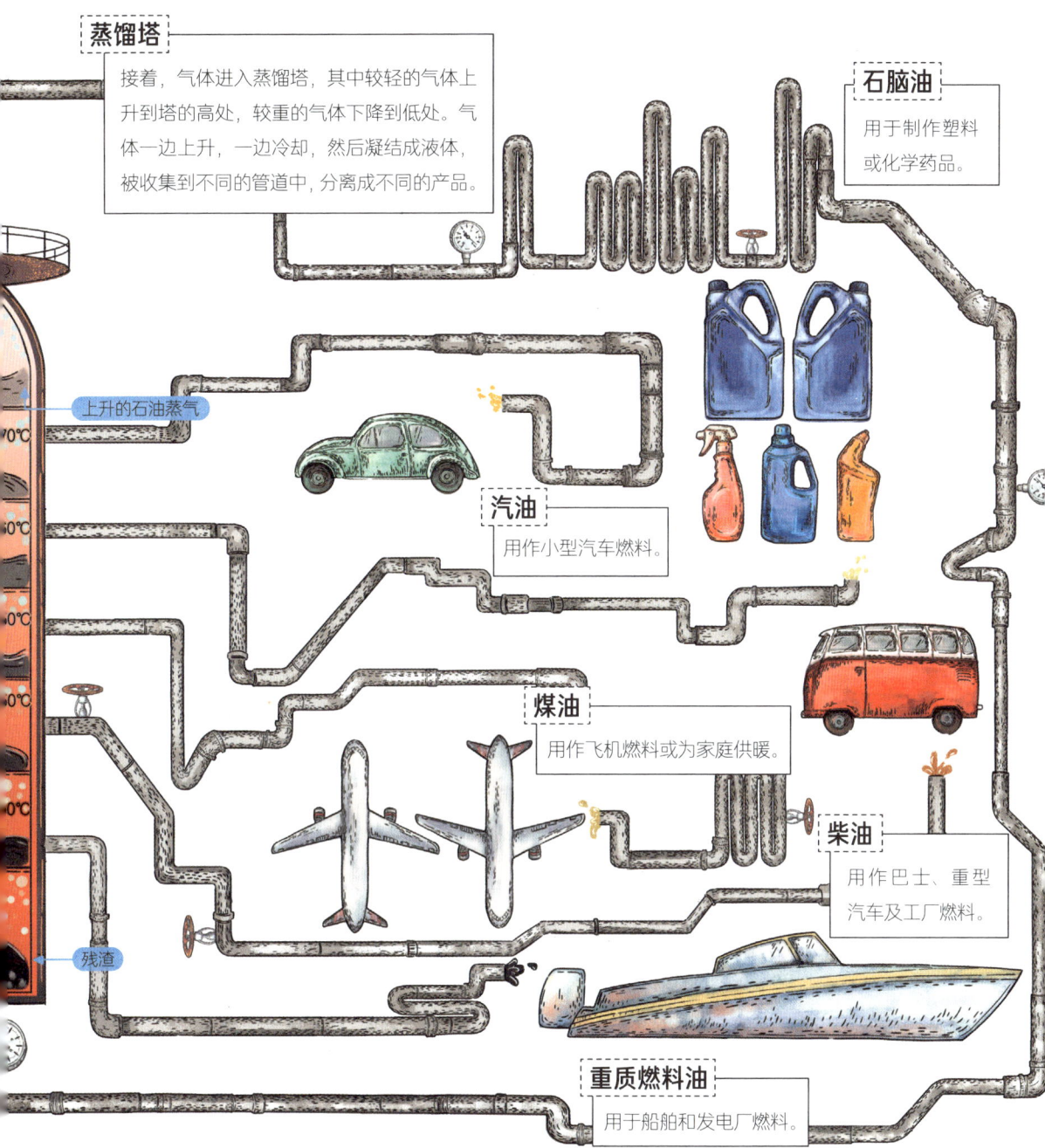

Day3 能源的转化与输送

①能源的转化

随着化石能源带来的环境问题日益显著，再加上化石能源所固有的不可再生性，人们开始着力发展更清洁、更具有可持续发展潜力的能源——电能。

电能不仅成为人们日常生活的一部分，也成为工业生产、交通物流等领域的支柱动力。

但我们现在还无法做到完全使用清洁能源。实际上，我们现在使用的电能中的相当一部分依然是通过燃烧化石能源获得的。

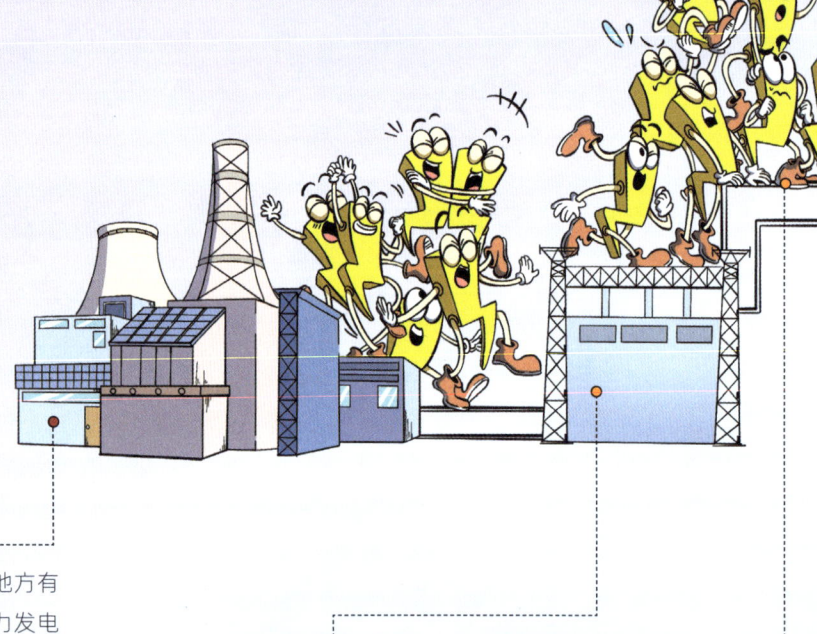

发电站
常见的生产电的地方有水力发电站、风力发电站、太阳能发电站、核电站等。

升压变电所
升高电压，可以减少同一时间内通过输电线的电流，这样能够使电流的损耗减少，从而使一定时间内到达目的地的电流增大。

输电线
运输电流的线路有两种：一种由负责运输电流的金属丝和不导电的外皮构成，这种外皮可以保护人和动植物不触电；另一种只有负责运输电流的金属线。

正如石油需要历经勘探、开采、加工、配送等多个流程才能进入消费市场那样，电也需要历经发电、升压变电、输送、降压配电等环节才能进入千家万户。

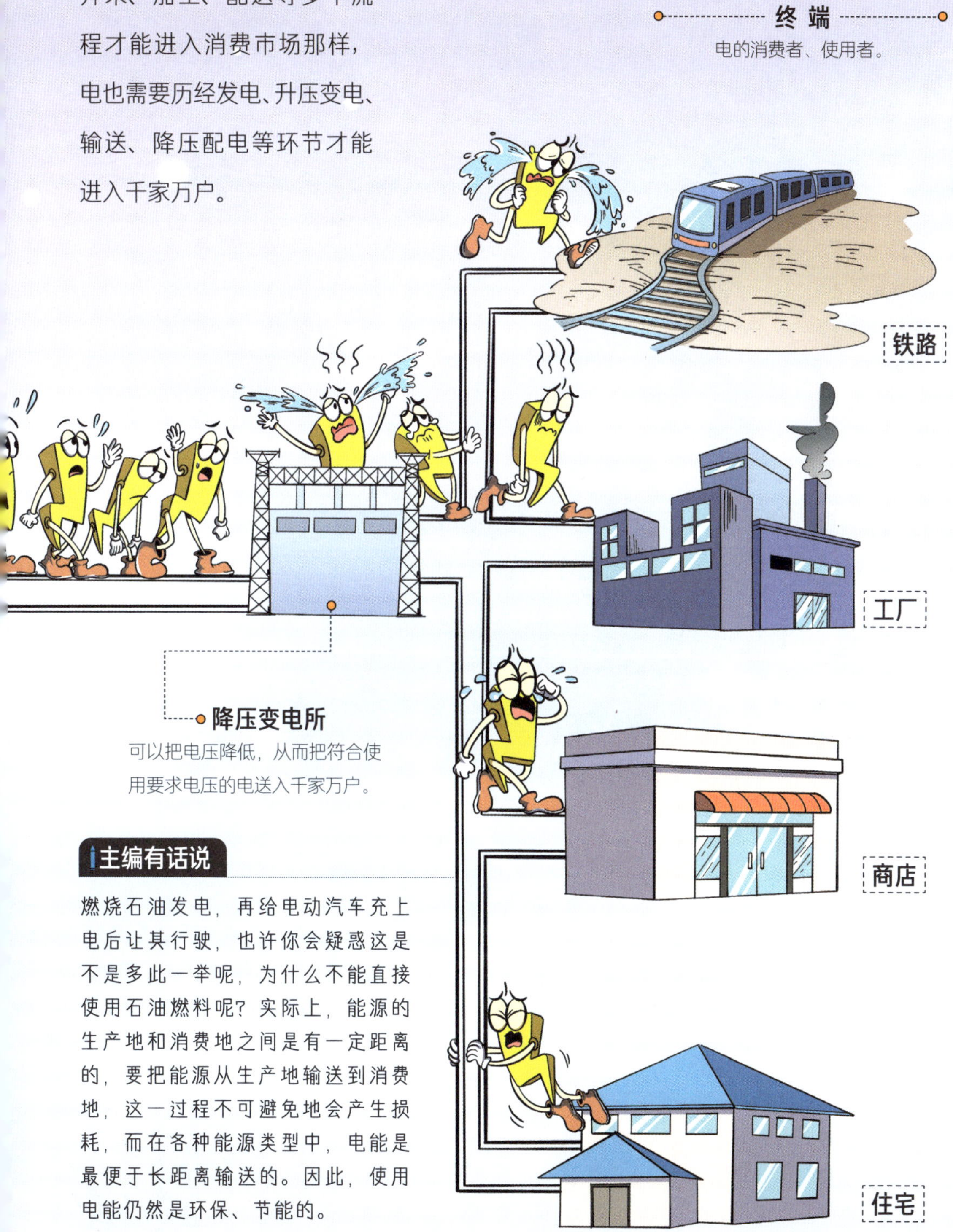

终 端
电的消费者、使用者。

铁路

工厂

商店

住宅

○ **降压变电所**
可以把电压降低，从而把符合使用要求电压的电送入千家万户。

i **主编有话说**

燃烧石油发电，再给电动汽车充上电后让其行驶，也许你会疑惑这是不是多此一举呢，为什么不能直接使用石油燃料呢？实际上，能源的生产地和消费地之间是有一定距离的，要把能源从生产地输送到消费地，这一过程不可避免地会产生损耗，而在各种能源类型中，电能是最便于长距离输送的。因此，使用电能仍然是环保、节能的。

②能源的输送

风力发电 用风的力量发电。

水力发电 用水流的高低落差发电。

太阳能发电
用来自太阳的能量发电。

正如上文中提到的：能源的生产地和消费地之间有一定的距离，这一点在我国的能源供求格局中体现得尤为显著。

步入 21 世纪以来，我国大力发展清洁能源，目前能源消费中清洁能源的占比已超过 25%，清洁能源新增发电装机容量占全国新增总装机容量的比例超过 80%，这显示出我国电力能源结构正在持续优化。

就拿最常见的风力、水力和太阳能来说吧。

▶ **延伸知识**

装机容量是指一座发电厂或一个区域电网的发电机组的额定功率的总和，是衡量发电能力的重要指标。

这就形成了中国地形的三大阶梯。

之所以出现这样的能源格局，很大程度上是因为我国地形呈现出三级阶梯式变化。

我国西部海拔高，东部海拔低，地势整体上自西向东呈三级阶梯状逐级下降。阶梯第一级主要分布在青藏高原附近，海拔在 4 000 米以上；阶梯第二级主要分布在内蒙古高原、黄土高原、云贵高原，海拔为 1 000～2 000 米；阶梯第三级主要由华北平原、东南丘陵等构成，海拔在 500 米以下。阶梯交界处形成了较大的落差，因此水能资源丰富，比如著名的三峡水电站正是位于第一级和第二级阶梯的交界地带。

西部地区是我国能源尤其是清洁能源的主产地，但消费市场主要集中在经济发达的东部沿海地区。以我国发电量最大的省级单位——内蒙古为例，2021年当地的发电量达5 900亿千瓦时，其中外送电量2 467亿千瓦时，如此巨量的电力要长途输送可不是一件易事。

然而，中国75%的电力使用都集中在东部和中部，与能源集中的西部和北部完美错过！

这就意味着，我们电流必须从西到东、从北到南，跨越大半个中国去送电！

从1996年起，我国就开始实施<u>西电东送工程</u>，也就是把煤炭、水能资源丰富的西部地区的能源转化成电力资源，输送到电力紧缺的东部沿海地区。这不仅促进了电力结构调整和电力资源的优化配置，也带动了制造业、电力施工业、建材业等一系列产业的发展，有力地推动了东、西部地区的经济建设。

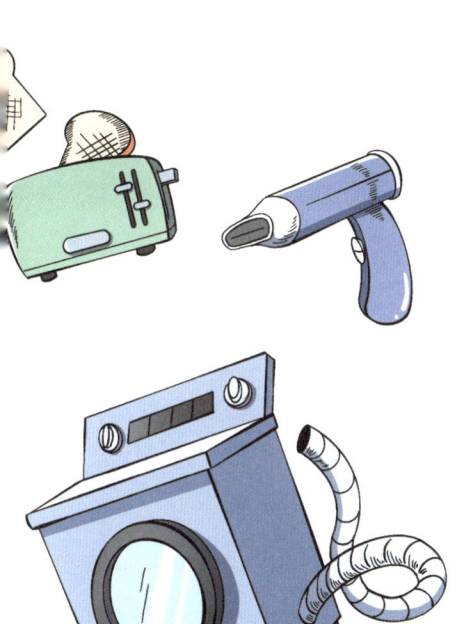

顾名思义,电阻就是导体对电流的阻碍作用的大小。电阻广泛存在,根据事物导电性的强弱,可以大体上把事物分为三类:导电性强、电流能迅速顺利通过的物体,称为导体;导电性不如导体且很容易受温度、光照等因素影响的物体,称为半导体;没有导电能力,不允许电流通过的物体,称为绝缘体。

电阻存在于所有物体中,每个物体的电阻值不同。

金属通常是导体,尤其是银、铜等金属,电阻值很低,导电性优良,但成本很高,不适宜用于跨度达上千公里的长途输电线路。跨越大半个中国的输电线的材质通常是成本低廉但电阻稍大的铝合金。尽管看起来电阻值只是升高了一点,但长途累积下来的损耗也是很可观的数字。

既然电阻难以降低,工程师们找到了另一项解决方案——提高电压。

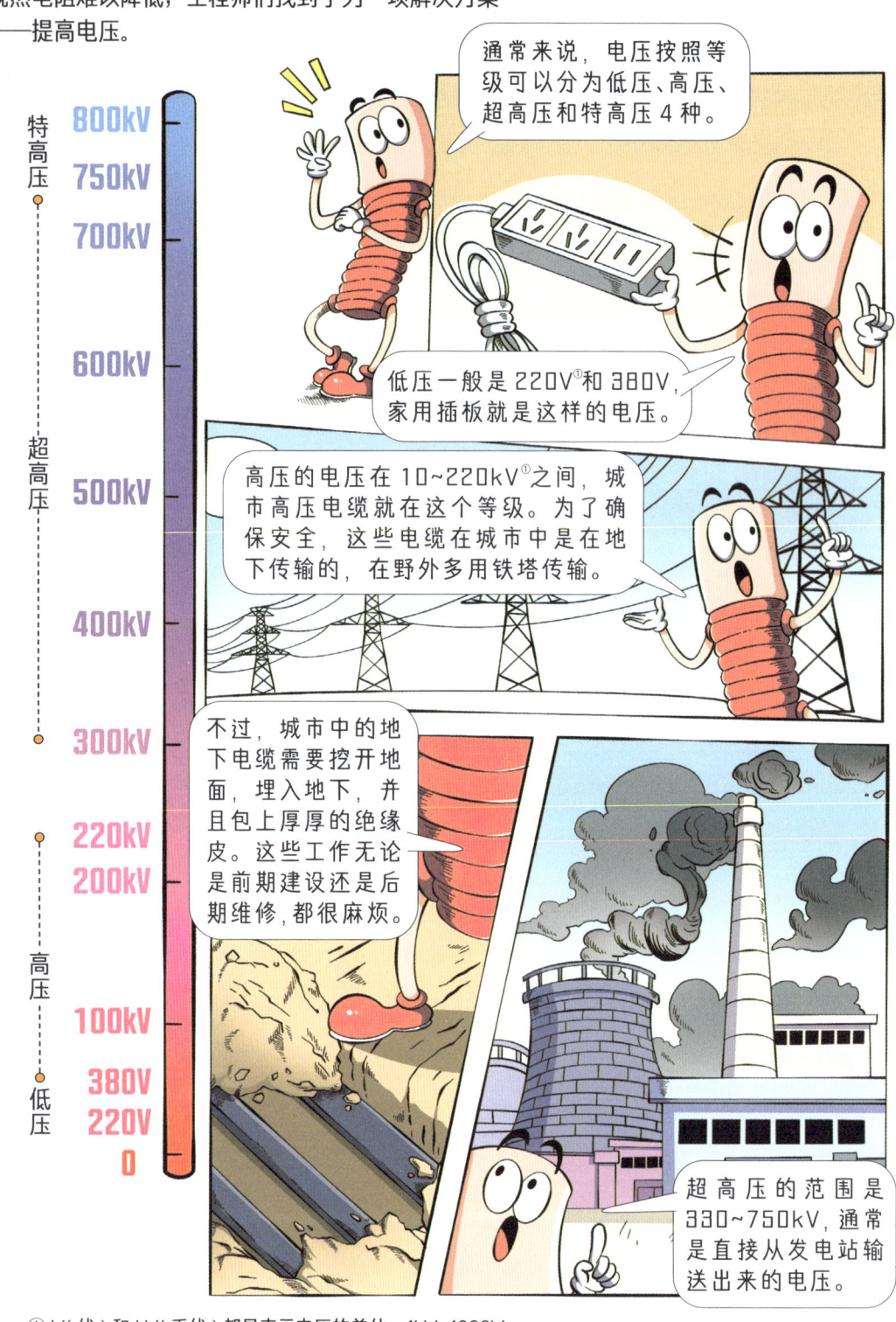

① V(伏)和 kV(千伏)都是表示电压的单位,1kV=1000V。

① 交流电和直流电是电的两种类型，交流电指的是大小和方向做周期性变化的电流；直流电指的是在一定时间内，大小和方向不变的电流。

截至目前,中国已累计建成 20 多项特高压工程,单次输电能力最高达 1 000 万千瓦,输送距离达 2 400 千米,刷新了世界电网技术新纪录。

中国成为世界上首个成功掌握并实际应用特高压这项尖端技术的国家,率先建立了完整的技术标准体系,自主研制了全套特高压设备,并积极支持世界各国清洁能源事业的发展。

Day5
能源的未来

和平与发展是人类共同的追求，人类想要实现可持续发展，就必须正视能源价格剧烈波动、能源短缺、依赖化石能源破坏生态等一系列问题，还必须加大力度开发清洁能源、可再生能源。

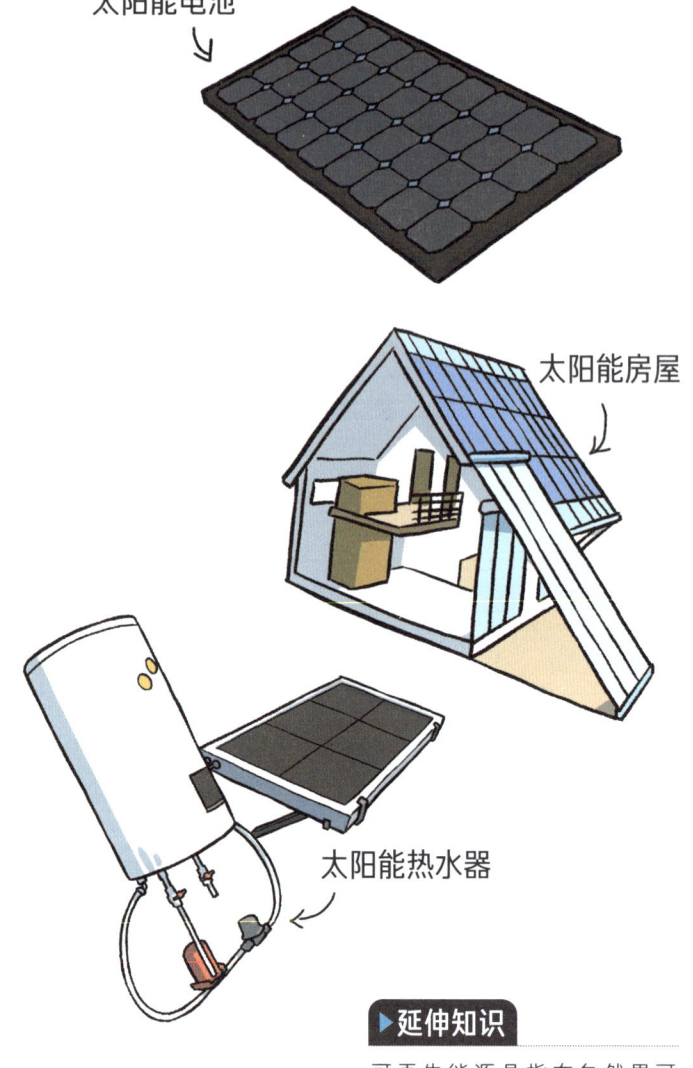

太阳能电池

太阳能房屋

太阳能热水器

▶ 延伸知识

可再生能源是指在自然界可以循环再生的能源，除了前面提到的水能外，还包括太阳能、风能、生物质能、波浪能、潮汐能、海洋温差能、地热能等。

太阳能路灯

随着科技不断发展，太阳能几乎被应用在各个方面。想想看，你身边都有哪些太阳能产品呢？

潮汐能也是极具开发潜力的新能源。潮汐导致海平面周期性地升降，由海水涨落及潮水流动所产生的能量称为潮汐能，其中水位差表现为势能，潮流的速度表现为动能，这两种能量都可以被人类利用，潮汐能可再生、无污染，而且非常有规律，因此成为人类利用得最为成熟的海洋能。但和水力发电相比，潮汐能的能量密度很低。

潮汐是指月球和太阳的万有引力牵引地球而出现的海水周期性涨落现象。

▶延伸知识

据海洋学家估算，世界上潮汐能发电的资源量在10亿千瓦以上，这是一个天文数字，但潮汐能的开发目前并不充分。我国最大的潮汐发电站是位于浙江温岭的江厦潮汐试验电站，年发电量600万千瓦时。

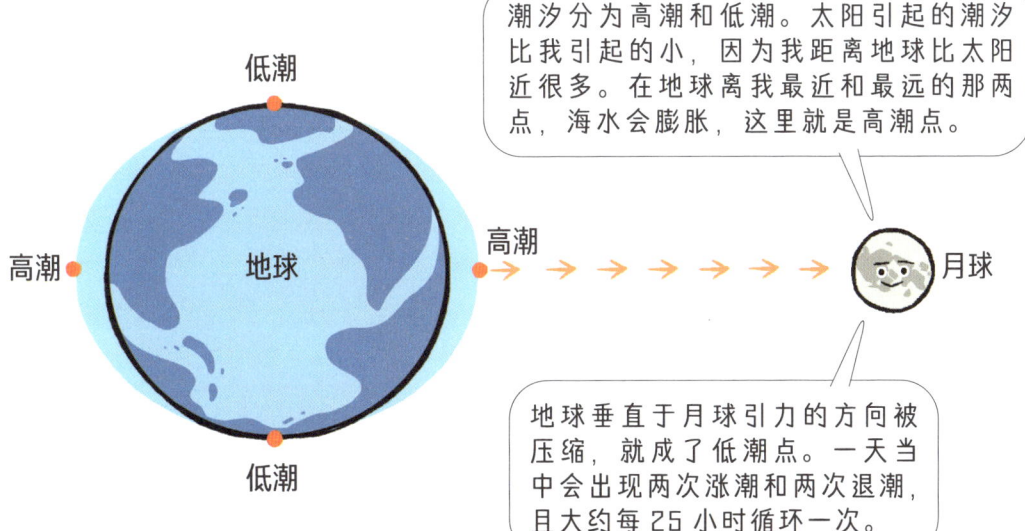

潮汐分为高潮和低潮。太阳引起的潮汐比我引起的小，因为我距离地球比太阳近很多。在地球离我最近和最远的那两点，海水会膨胀，这里就是高潮点。

地球垂直于月球引力的方向被压缩，就成了低潮点。一天当中会出现两次涨潮和两次退潮，且大约每25小时循环一次。

要解决可持续发展进程中的能源问题,一方面要开发新能源,一方面要改变当今世界能源分布不均、供需失衡的格局,一个宏大的计划应运而生。

不瞒你说,我现在有一个宏大的计划——全球能源互联网!

2015年,中国国家电网首次提出这个跨越全球的电网项目,主要是为了解决发电潜力高的地区大多地处偏远的问题。

2016年3月29日,由中国国家电网等发起的全球能源互联网发展合作组织在北京成立,来自22个国家的265个企业、行业协会和科研机构参与其中。

能源会有**耗尽**的那一天吗？

答 能源是现代社会存在和发展的基础，但现代文明对能源的消耗程度惊人，因此有人担心能源会耗尽，人类文明也将随之蒙受灭顶之灾，这究竟是未雨绸缪还是杞人忧天呢？

随着时间的推移，石油等化石能源的储量不断临近枯竭线，而且由于过度依赖化石能源导致的环境问题迫在眉睫，寻找新的替换能源已刻不容缓。清洁、可再生的太阳能、风能、地热能、潮汐能等方案已投入实践，不过短时间内还无法替代化石能源。

人类最寄予厚望的未来能源方案当属核能。太阳就是依靠核聚变发光、发热的，如果人类能攻克"可控核聚变"的难点，便可利用储存在海洋中的45万亿吨的氘作为核聚变燃料，使人类获得空前富足的能源。

以发展的眼光来看，没有哪一种能源能达到绝对意义上的"取之不尽，用之不竭"，但随着科技的进步，人类不断开发出的新的能源形式正在服务社会、延续文明。

新能源还有哪些不足，可以怎样弥补？

答 开发清洁的、可再生的新能源以逐步摆脱对化石能源的依赖，这已成为全人类的共识，但在短期内，新能源无法全面替代化石能源。新能源存在哪些不足呢，可以怎样弥补？

未来的理想能源应当具备以下条件：储量足够丰富；价格足够低廉，可以惠及大多数人；相关技术成熟，可以保证安全使用；清洁、无污染，不会导致环境问题的出现。从这些标准来看，新能源并不是完美的。

新能源总量丰富，但供应并不十分稳定，比如占我国总发电量约 1/5 的水力发电，就明显受到气候变化影响。2022 年夏天，长江发生了罕见旱灾，使三峡枢纽等水利工程的发电量明显下滑；风能的随机性、间歇性更为突出。

因此，我国正大力推进抽水蓄能电站的建设。抽水蓄能电站是一种利用电力负荷低谷时的电能抽水至上水库，在电力负荷高峰期再放水至下水库发电的水电站。抽水蓄能电站既是电力系统中最可靠、最经济、容量大的储能装置，也是新能源发展的重要组成部分。通过配套建设，抽水蓄能电站可有效减少水电、风电等新能源电力波动对电网运行的影响，从而提升电网运行的安全稳定性。

95

EXERCISE 章节小练

01 第二次工业革命后,内燃机问世并普及,(　)成为这一时期最重要的能源。

A. 煤炭

B. 水电

C. 石油及用石油炼制出的各种燃料

02 石油被誉为"工业的血液",原因不包括(　)。

A. 石油是极为重要的能源

B. 石油是现代化学工业的关键原料

C. 石油可以成为财富的象征

03 石油在全球的分布非常不均衡。石油储量最丰富的地区是(　)。

A. 波斯湾海域

B. 太平洋沿岸

C. 欧亚大陆内陆

04 下列哪种能源不属于化石能源?(　)

A. 石油

B. 煤炭

C. 太阳能

05 下列哪个特点不是新能源的?(　)

A. 对环境友好

B. 供应不稳定

C. 总量较为有限

06 在各种能源类型中，_____ 是最便于长距离输送的。

07 我国地形呈现出 _____ 式的变化，使得我国的水力发电资源主要集中在西部地区。

08 我国的"_____"工程就是把煤炭、水能资源丰富的西部地区的能源转化成电力资源，输送到电力紧缺的东部沿海地区。

09 为了实现长距离、低损耗地输电，我国研发并应用了 _____ 技术。

10 _____ 是指在自然界可以循环再生的能源，包括水能、太阳能、风能、潮汐能等。

第四章 大国重器

走在路上，我们低头看见路边的野花时，可能会好奇它是什么花；抬头看到天空的小鸟时，可能会好奇它为什么会飞；看着身边呼啸而过的汽车时，可能会好奇它是谁发明的……我们的好奇心有时很强，以至于身边的一草一木、一花一石都想要了解；但有时候又很弱，总是忽视那些我们平时很难见到的事物，比如外太空的空间站、能潜入海底的载人潜水器、口径 500 米的球面射电望远镜……

但这些都不要紧，亲爱的小读者，只要你还保持着满满的好奇心，从现在开始也不晚，或许就从这本书开始吧。虽然看了这本书后，你还是不知道路边的野花是什么花，身边的汽车又是谁发明的，但是在这本书里，你能看到天宫空间站从发射到运行的一系列过程，你能跟着我国第一台深海载人潜水器"蛟龙"号看到神奇多姿的海洋世界，你还能了解到上山下海的高铁是怎么穿梭在祖国大地的，这一项项的超级工程，无一不在彰显着中国力量。

你可能会问，那这些超级工程都有什么用呢？就拿我们最熟悉的高铁来说，它让我们的生活变得更加便利，从前需要好几天才能去的地方，现在坐高铁不到一天就能到，大大节省了我们在路上耗费的时间。而有了"天宫"空间站，我们就可以长期开展有人参与的、大规模的空间科学实验和技术试验，从而推动空间科学、生命科学等空间技术的发展，为人类探索宇宙奥秘作出积极贡献。

"可上九天揽月，可下五洋捉鳖"，这不再只是一个梦想，而正在被我们一步步实现并超越。所以在这里，衷心地希望你们在感受到祖国强大的国家力量后，能够树立起足够的信心和决心，为祖国的建设添砖加瓦。

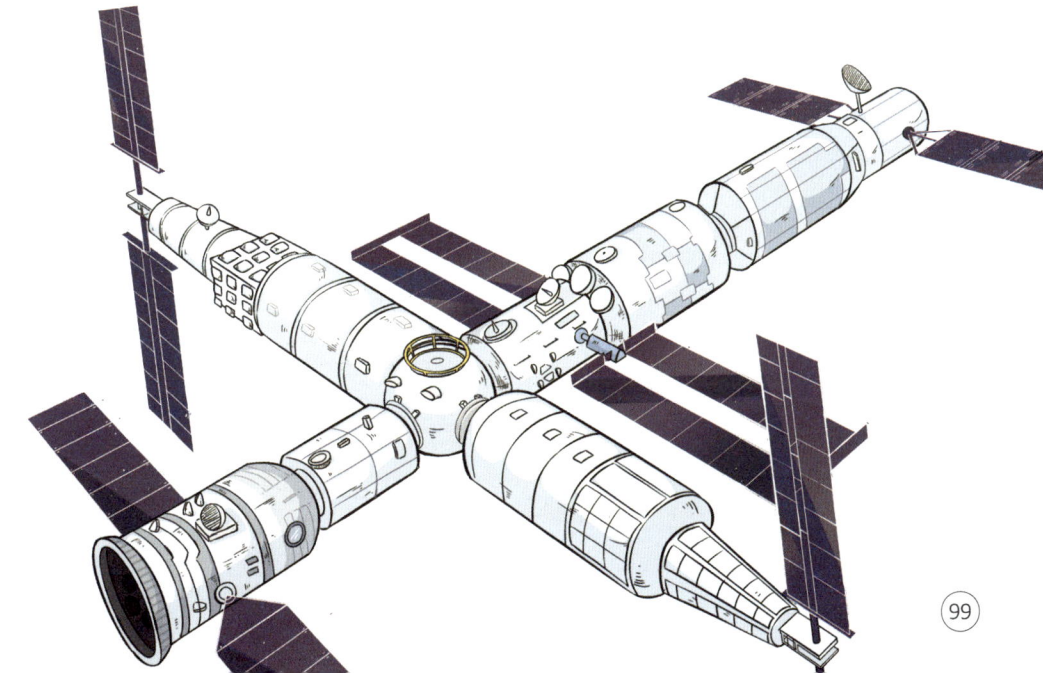

Day1
日常却不简单的高铁

在现代人的生活中，出行方式变得越来越多样，也越来越便利。短途出行时，有公交车、汽车、电动车、自行车；长途出行时，则可以选择高铁、轮船或者飞机等。其中，性价比极高的高铁更是受到人们的青睐，是热门的出行方式之一。那你了解高铁吗？

呼——
这是高铁的速度！

你敢相信吗？带你走过大半个中国，高铁只需要一天的时间。我国将高速列车定义为时速达 250 千米以上的客运列车，而高铁中的尖子生"复兴号"，时速能达到 350 千米。要知道，人类的百米最好成绩是 9.58 秒，也就是时速 37.58 千米，那么"复兴号"的速度将近是它的 10 倍，这就是高铁的速度！

空气阻力快走开

相信我们都有过这样的体会，当我们跑得越快时，迎面吹来的风也越大，空气阻力也会越大。对高铁来说，也是如此，空气阻力占到高铁需要克服的全部阻力的 95%，堪比铜墙铁壁。所以为了降低空气阻力，高铁的车头大多设计成子弹头的形状，让高铁能够高速地运行。

主编有话说

高铁，是高速铁路的简称，原意是符合较高标准，列车能以 200 千米/小时以上的速度高速运行的铁路。但在日常生活中，我们常说的高铁多指运行在高速铁路上的列车。

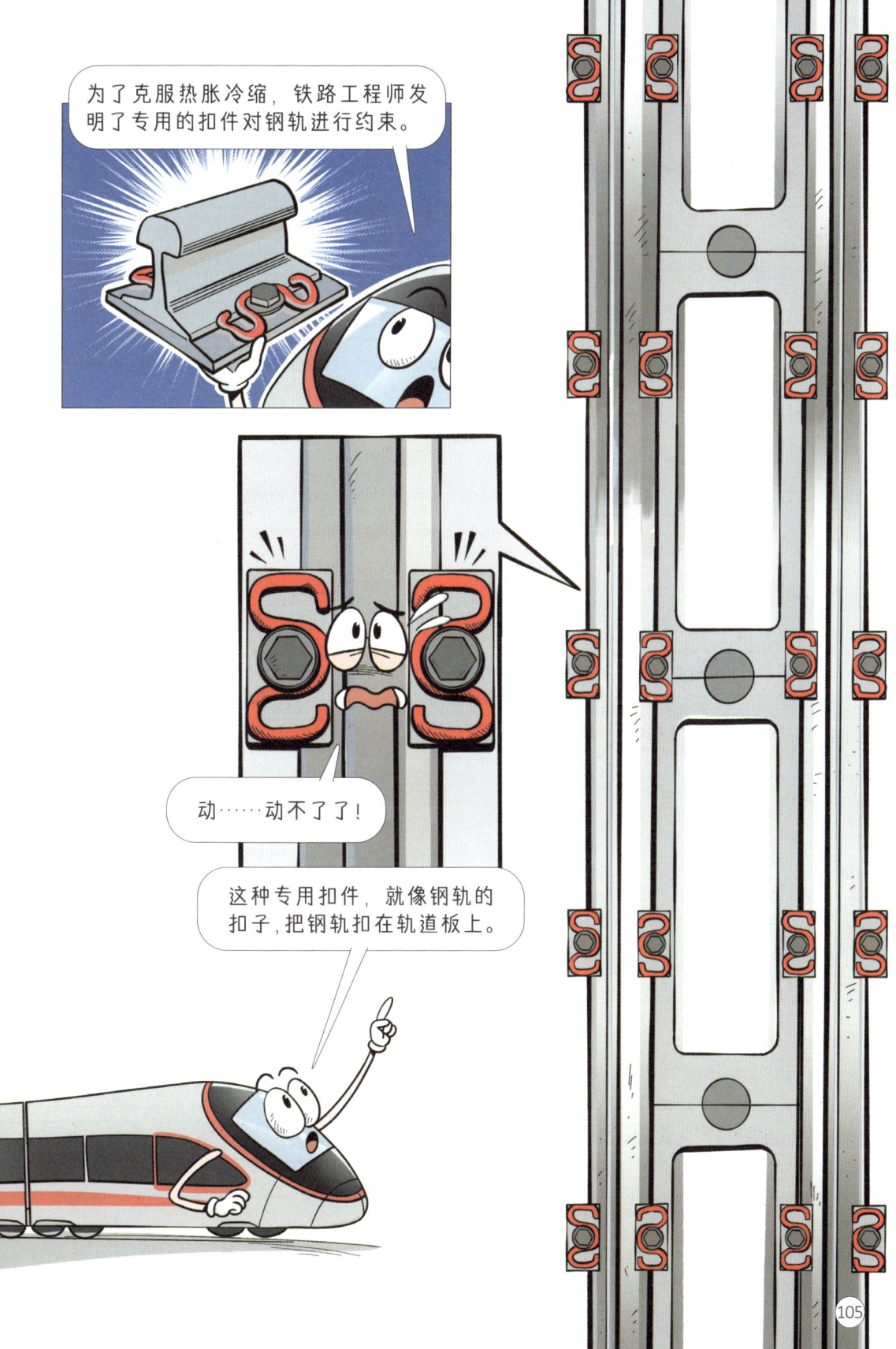

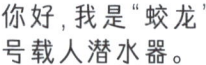

Day2
向深海进发

"蛟龙"号载人潜水器是我国第一台自主设计、自主集成研制的作业型深海载人潜水器,也是目前世界上下潜能力最强的作业型载人潜水器。现在,让我们跟着"蛟龙"号一起潜入海底,探索未知的海洋世界吧!

▎主编有话说

简单来说,一切与开发、利用海洋有关的知识,都属于海洋科学,而潜水其实是为海洋科学服务的。有了海洋科学,我们才能知道海里住着什么样的鱼,埋藏着什么样的宝藏……

到了！这就是我们的任务地点，
神秘的地球"第四极"！

▶ **随手小记**

地球四极

南极和北极是地球上最寒冷的地方；青藏高原是地球上最高的地方，被称为"第三极"；马里亚纳海沟则是"第四极"，也是目前可勘探到的世界海洋最深处。

征服地球"第四极"

随着深度的增加，在海里受到的压力也会变大。而在地球"第四极"——7 000 米深的马里亚纳海沟，物体承受的压力相当于 1 500 头成年非洲象同时摞在一起的重量，即便是坚固的钢板也会被踩成薄片。所以为了能在这样恶劣的环境下探索海洋，"蛟龙"号便诞生了！

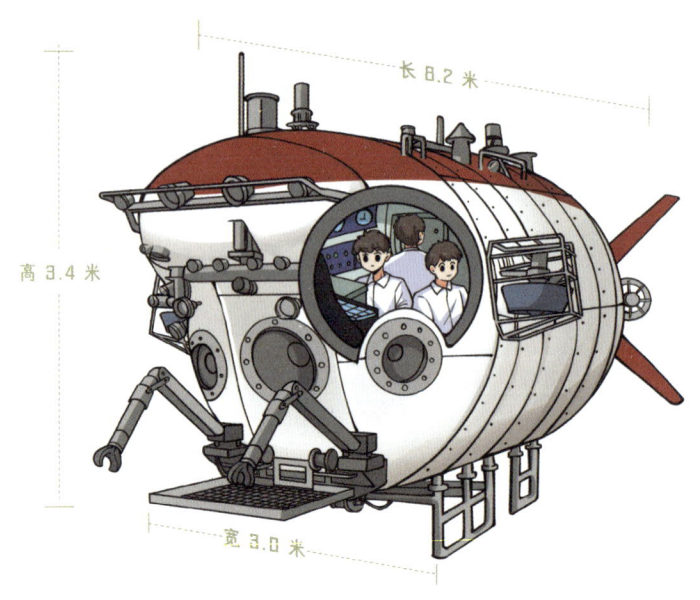

针对深海高压的环境，科学家给了"蛟龙"号两件应对的"法宝"，使其能在马里亚纳海沟自由地穿行。

第一件法宝是"钛合金外壳"。钛合金属于高强度材料，不仅强度高，而且重量轻，非常适合用来制造火箭和太空船，被誉为"太空金属"。有了钛合金做的"铠甲"，"蛟龙"号才能承受住海水的压力。

第二件法宝是"球形载人舱"。实验证明，球形的物体抗压能力最强。所以，"蛟龙"号上的球形载人舱能最大限度地保护潜航员和科学家的安全。

载人深潜"三兄弟"

当一个物体的体积不变时，它的质量越大，密度就越大。

一个物体能否在水中下沉或者上浮，取决于这个物体的体积、质量和平均密度。

除了"蛟龙"号，我国还有"深海勇士"号、"奋斗者"号两台大深度载人潜水器。"蛟龙"号依靠压载铁实现上浮和下潜，可以装载 220 千克的实验用品和一名潜航员、两名科学家，可在占世界海洋面积 99.8% 的广阔海域中使用，对于我国开发利用深海的资源有着重要的意义。

"深海勇士"号主要负责探索海洋深度 4 500 米以内的海域。它和"蛟龙"号不同，搭载了更强劲的锂电池电机，能够实现快速上浮和下潜，更加自由、灵活，可以在短时间内完成更多的探索任务，同时它能在海底停留的时间也更长。

"奋斗者"号是中国研发的万米载人潜水器，充分吸取了"蛟龙"号、"深海勇士"号研制的成功经验，突破了一系列核心技术制造而成。2020 年 11 月 10 日，"奋斗者"号成功到达了马里亚纳海沟的最深处，坐底深度 10 909 米，创造了中国载人潜艇的新纪录。

0m

海洋生物的分布

从海平面到深度 200 米以内的部分，叫作"透光带"，意思是光线可充分透过的水层。

200 米

海平面下 200~1 000 米的区域叫作"中层带"，由于可见光无法穿透至 200 米以下，很多鱼身上有发光器官，会自己发光。

1 000 米

海平面下 1 000~4 000 米的区域叫作"半深海带"。由于这里缺乏光线，大部分生物的眼睛都退化了。

3 000 米

海平面下 4 000~6 000 米的地方，叫作"深海带"，这里生态环境恶劣，存在的生物很少，大多是无脊柱动物，如乌贼、海参等。

4 000 米

海平面 6 000 米以下的区域，叫作"超深渊带"，是海洋中最深的地带。由于海洋火山喷发出许多高温液体，这里的生物种类更少，也更加"其貌不扬"。

6 000 米

透光带是各类生物密度最高的水层，你日常生活中吃到的大部分鱼类都生活在这个区域！

除了各种鱼，海藻、海星等很多生物也生活在这里！

在这里，我们还能遇到"深海大块头"——抹香鲸，以及大王酸浆鱿鱼。

因为平时大家"不见面"，所以长相都有点随意……

抹香鲸可以下潜到海平面下约3 000米的区域。不过，以后"潜水冠军"这个称号可就要归我啦！

不过，事实证明，即便没有眼睛，它们也能在海中生活得很好。

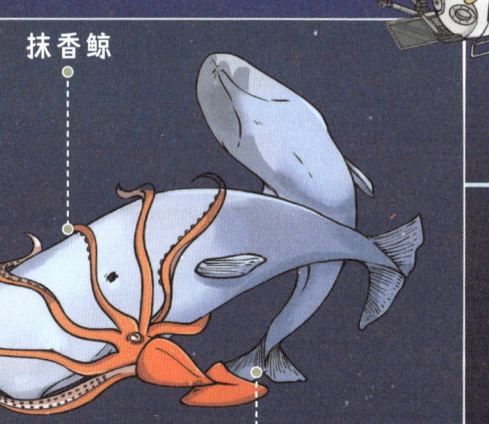

抹香鲸

大王酸浆鱿鱼

Day3
冲出地球

你想过吗？地球上的你无论蹦得多高多远，最后还是会落在地面上，而不会跳进太空，但发射的火箭却能冲出地球，在太空里飞行，这是为什么呢？

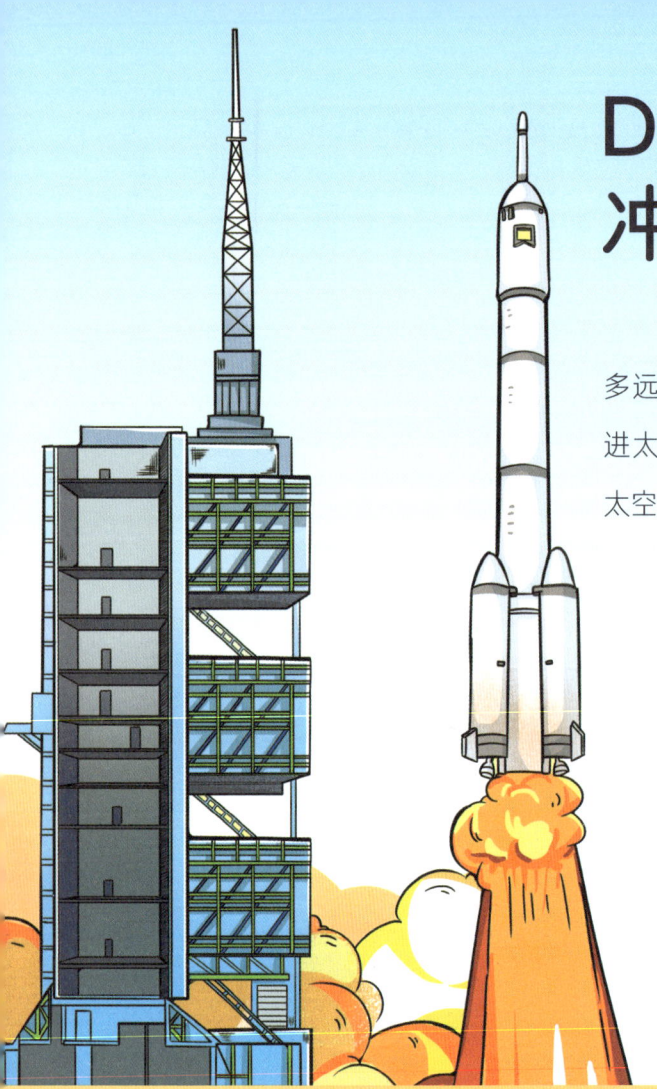

敲黑板

你推我的同时会被我推，这就叫作用力和反作用力。这些力看不见摸不着，但它们真实存在于生活中，比如你用力拍桌子，给了桌子一个作用力，那么桌子会给你一个反作用力，所以你才会觉得手疼。

地球上的物体总是会落到地面，是因为受到地球引力的影响，而且质量越大，引力也越大。但地球引力并非无法摆脱，只要速度能像火箭发射一样，超过 7 900 米/秒，就可以摆脱地球引力，冲进太空，这个速度被称为"第一宇宙速度"。不过，目前人类的极限速度大约为 10 米/秒，高铁大约为 83 米/秒，都还远远达不到冲出地球的速度。

而要达到 7 900 米/秒的速度是很不容易的，所以需要"借力打力"。火箭里的燃料燃烧后会产生许多气体，这些气体以超快的速度从火箭"尾巴"里向下喷出，这就给了火箭一个巨大的向上推力，使火箭速度超过第一宇宙速度，便能带着"神舟"号载人飞船冲出地球了！

航天员的选拔标准是怎样的呢？

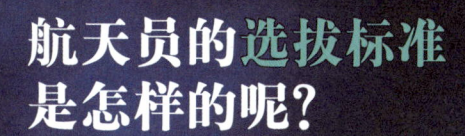

航天员选拔标准·基础篇

- 身高 ▶ 1.6~1.72 米
- 体重 ▶ 55~70 千克
- 年龄 ▶ 25~35 岁
- 飞行时间 ▶ ≥ 600 小时

航天员选拔标准·健康篇

- 身体表面 ▶ 畸形、外伤、其他后遗症
- 常见疾病 ▶ 骨折、皮炎、色弱、眩晕、鼻炎、龋齿等
- 不良习惯 ▶ 抽烟、喝酒
- 其他疾病 ▶ 慢性病、精神病、家族遗传病史、近视

患有以上任意一条，均不合格。

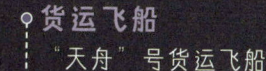
货运飞船
"天舟"号货运飞船

太空里的"房子"——空间站

空间站又称太空站、航天站,中国建设的空间站叫作"天宫"。天宫每天以大约 7 600 米/秒的超高速度,在距离地面 400 千米的太空绕着地球旋转,是供航天员巡访、长期工作和生活的载人航天器,可以理解为航天员在太空里的房子。

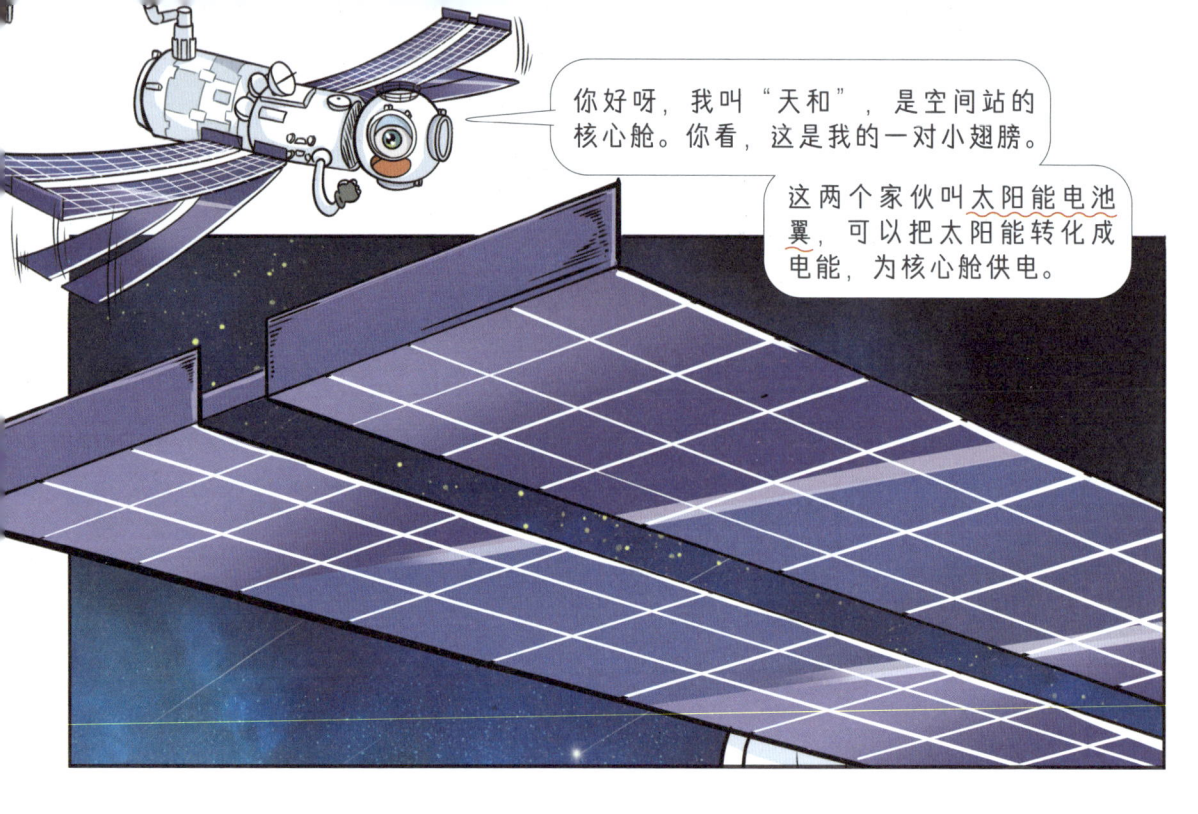

你好呀，我叫"天和"，是空间站的核心舱。你看，这是我的一对小翅膀。

这两个家伙叫太阳能电池翼，可以把太阳能转化成电能，为核心舱供电。

"天和"的"小翅膀"

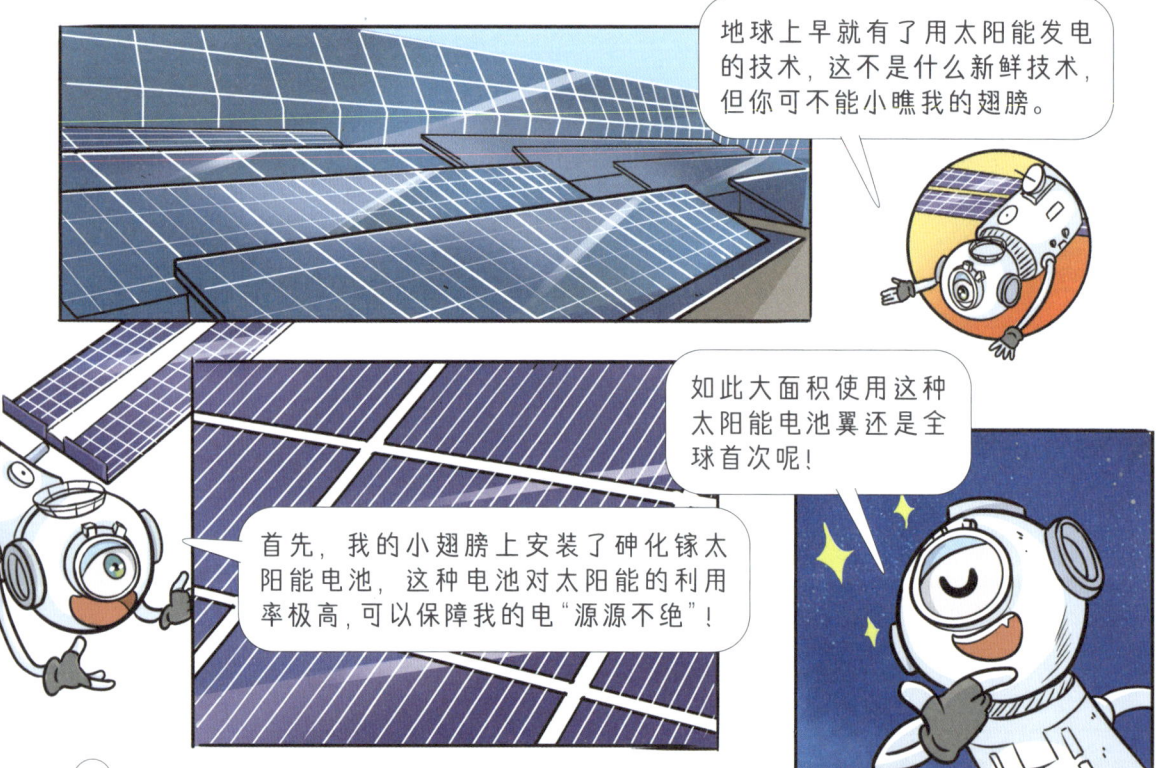

地球上早就有了用太阳能发电的技术，这不是什么新鲜技术，但你可不能小瞧我的翅膀。

如此大面积使用这种太阳能电池翼还是全球首次呢！

首先，我的小翅膀上安装了砷化镓太阳能电池，这种电池对太阳能的利用率极高，可以保障我的电"源源不绝"！

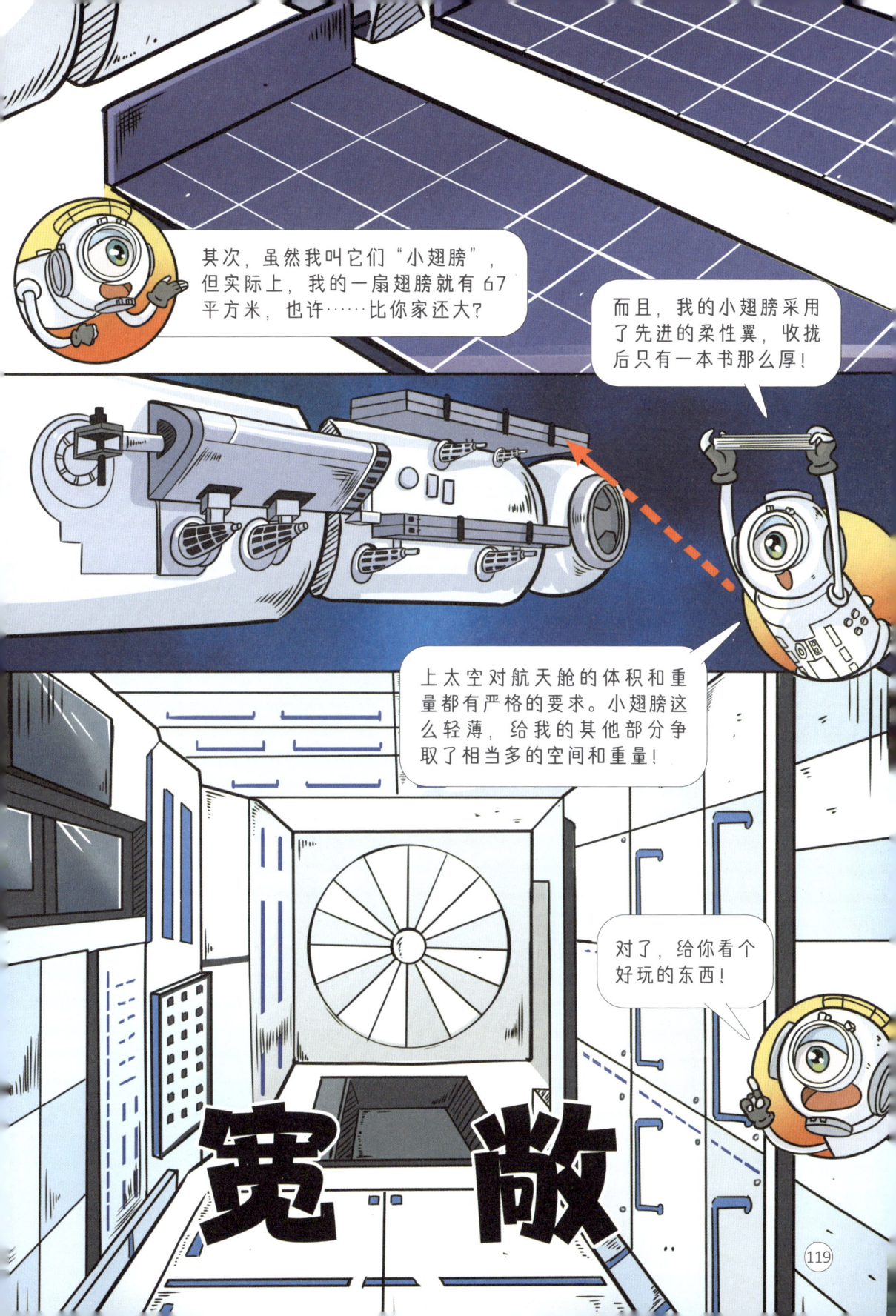

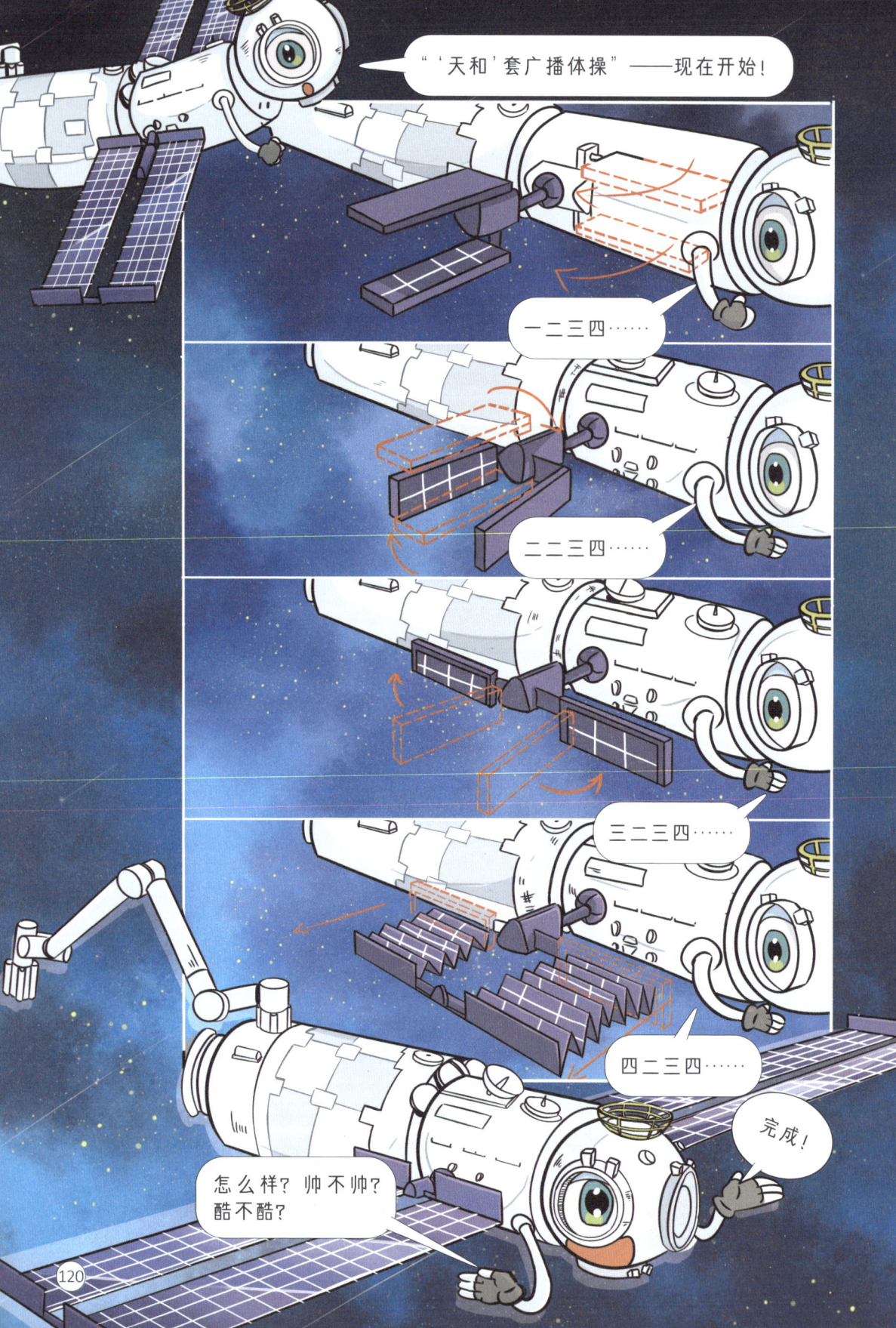

航天员的太空生活

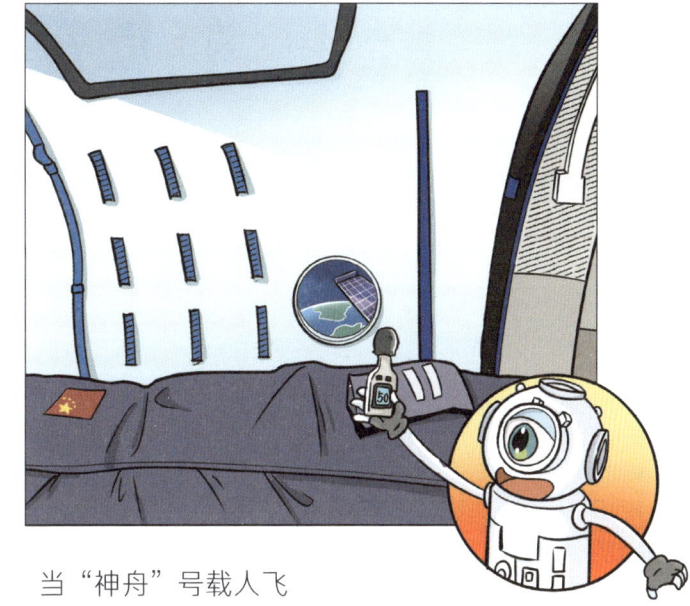

当"神舟"号载人飞船与"天和"号核心舱对接成功后,航天员就要开始在太空生活和工作了。空间站虽然比不上在家里舒服,也没有那么便利,但也算是"麻雀虽小,五脏俱全"。

航天员每人都有一个独立单间,上层睡觉,下层储物。由于太空的失重环境,以前的航天员都需要用带子把自己"捆起来"再睡,防止乱飘,现在有了固定的睡袋,就不用担心这个问题了。同时,空间站的设备很多,工作噪声很大,所以在睡觉的地方做了降噪处理,力求给航天员一个相对安静舒适的睡眠环境。每个单间还有圆形的舷窗,可以欣赏太空美景。

要在太空里生活,锻炼身体是少不了的,因为失重环境容易导致人的肌肉萎缩、骨质疏松,所以航天员需要每天锻炼2小时。而且,他们锻炼时还要时刻注意擦汗,不然这些汗珠会一滴一滴飘走,很可能进入精密的设备里,引起大问题。

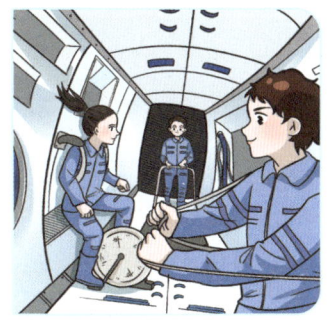

▶ **延伸知识**

为了保障航天员在太空的生活所需,我们还会用货运飞船向太空运送航天食品、水、实验设备、补充燃料等物资。而且,货运飞船还会充当空间站的"垃圾桶",储存航天员的生活垃圾。

Day4 海上的"大家伙"
——航母

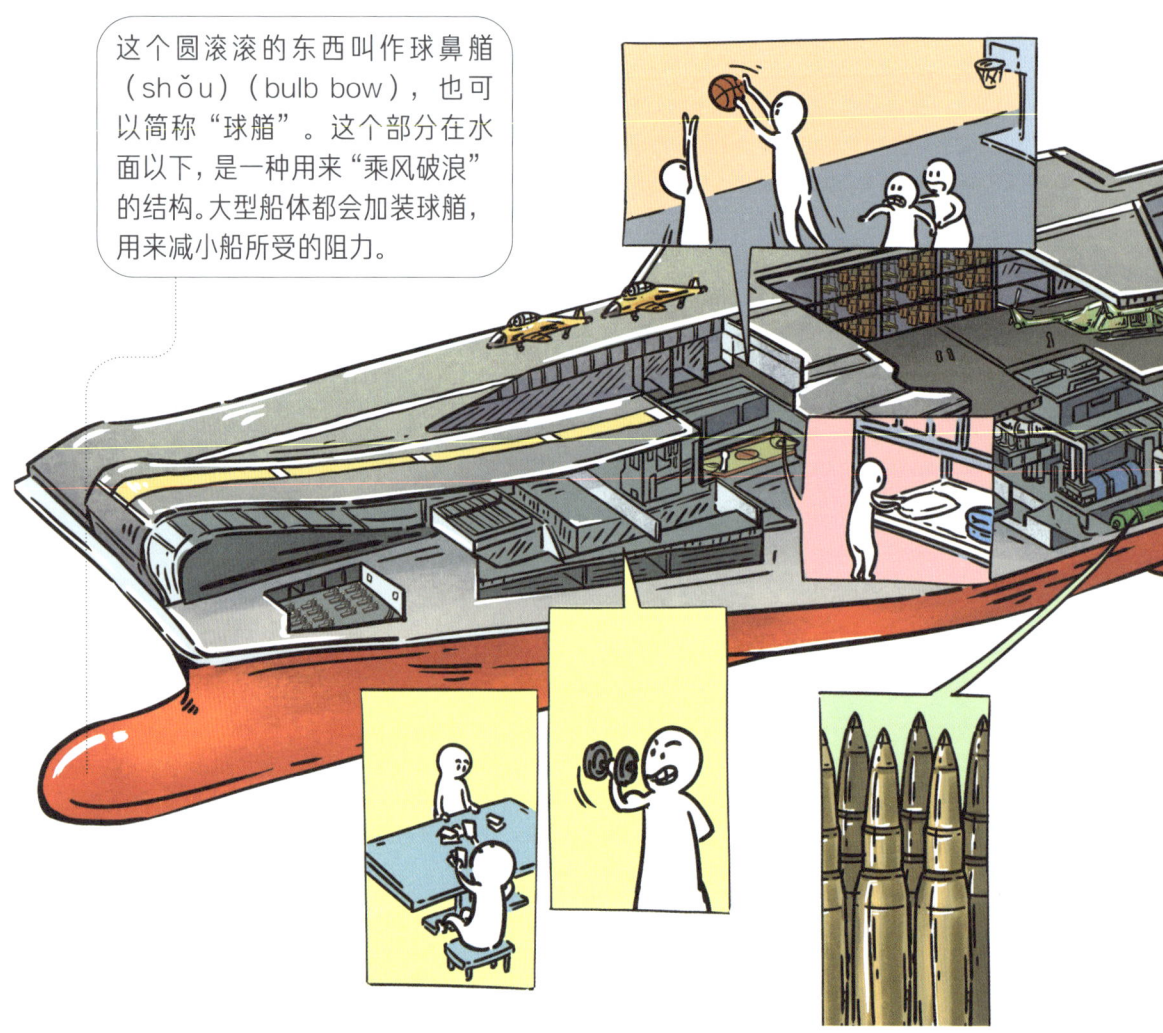

这个圆滚滚的东西叫作球鼻艏（shǒu）（bulb bow），也可以简称"球艏"。这个部分在水面以下，是一种用来"乘风破浪"的结构。大型船体都会加装球艏，用来减小船所受的阻力。

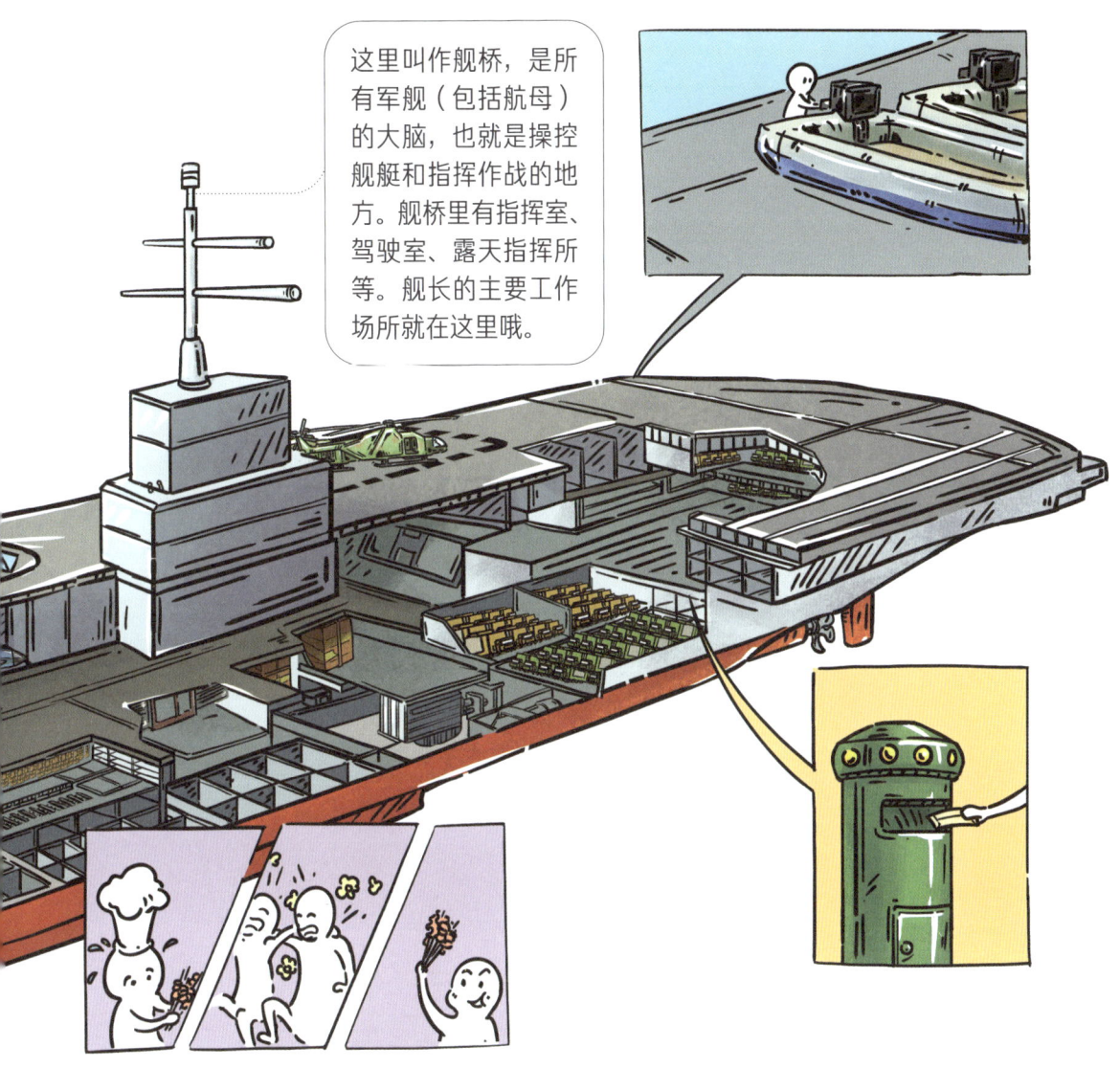

说到海上作战,有一个"大家伙"就不得不提,
那就是航空母舰,简称航母。
航母上不仅有舰载机、舰炮、雷达、导弹等武器装备,
还有完备的生活设施,
如宿舍、超市、健身房、洗衣房等,
甚至还有邮局哦!

不会飞的航空母舰

航空，意思是飞机在空中飞行。但航空母舰并不会飞，为什么会叫"航空母舰"呢？实际上，"航空母舰"里的"航空"指的不是这艘大船，而是它上面的舰载机！航母的英文名是 Aircraft Carrier，意思是承载飞机的平台。

航空母舰和普通战舰的最大区别，主要体现在舰载机的质量和数量上。因此对航空母舰而言，尽可能多地增加舰上舰载机的数量，有助于提升整艘航母的作战能力。

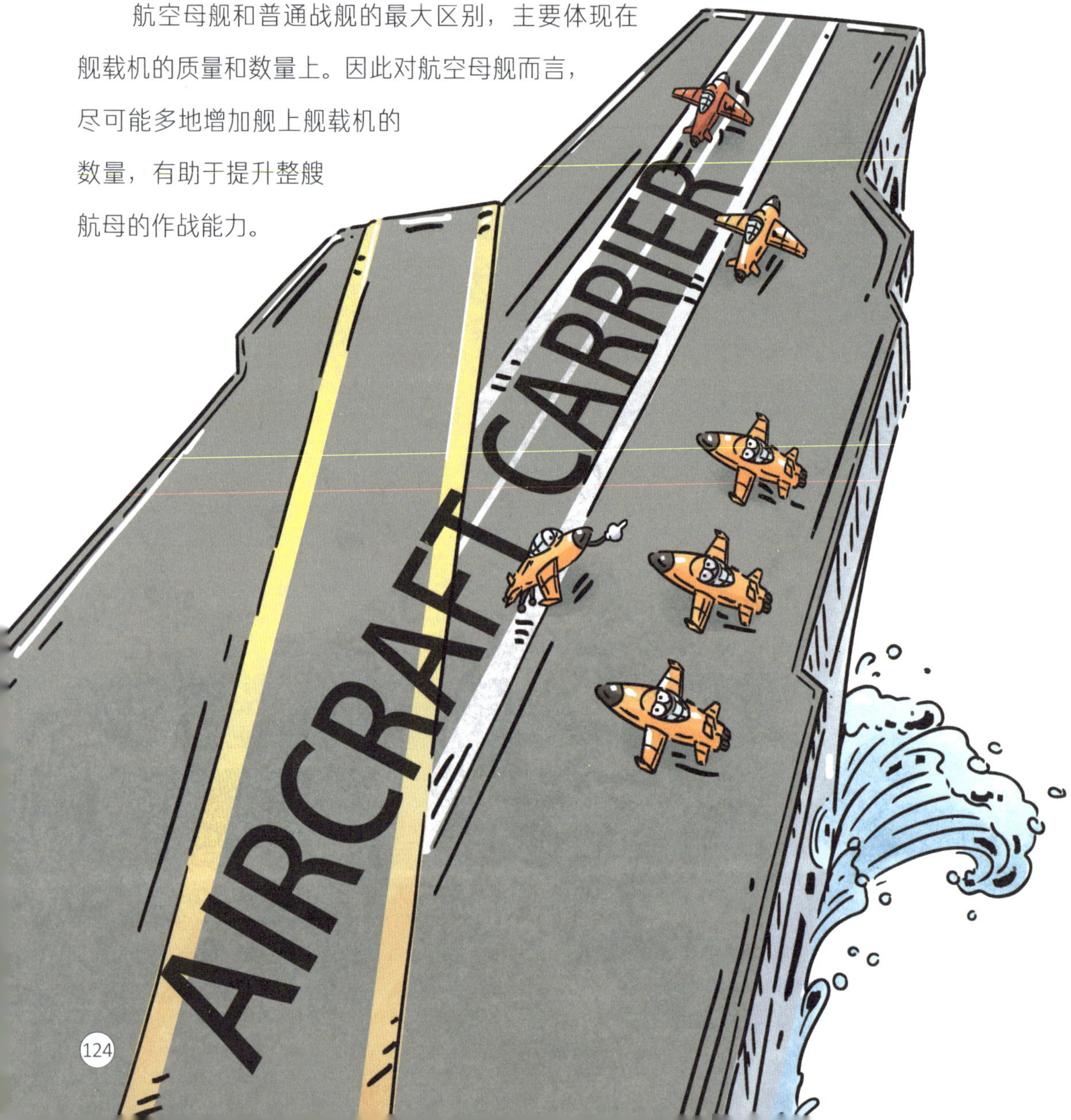

航空母舰
是怎么建造的呢？

由于航空母舰拥有各种各样的功能系统，所以在建造初期，其各系统的位置就已经规划好了。而且，虽然航母里的各种系统是相互联系和贯通的，但航母的建造，其实是像搭积木一样拼装起来的。每一层的部件搭成分段的大块积木，大块积木再进行组装，拼成完整的航空母舰。

同时，因为航母体型太过庞大，所以需要一个比它还大的建造场地——船坞，在这里，小块"积木"搭成大块"积木"，进而拼成完整的航母。航母组装完成后，运走也是一个大难题，这时就要向船坞灌水，水量足够之后，航母就能从提前预留好的航道下海航行了。

主编有话说

通过向船坞灌水、让船只"航行"出船坞的方式，叫作漂浮式下水。有时，还会根据船坞的状况，增加一些拖船，在外进行辅助拖拽，帮助大型船只顺利入海。

庞大的航母编队

航母需要集预警、战斗、支援、储存、维修等功能于一身,所以周围总是围绕着一堆小舰艇,组成一整个航母编队。

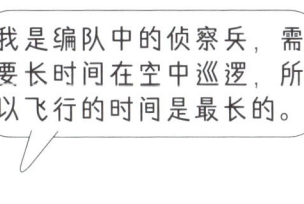

我是编队中的侦察兵,需要长时间在空中巡逻,所以飞行的时间是最长的。

预警机

我主要负责空中战斗,解除来自空中的威胁,是航母战斗群的中坚力量!

舰载机

我们带着先进的武器,负责整个舰队保护圈的安全!

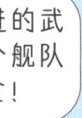

护卫舰

别看我们被叫作"小个子",我们也都是百米长的飞机,可不是你以为的小不点哦!

舰载机

180 千米

我的位置谁也探测不到,我是舰队隐蔽的"杀手锏"!

潜艇

Day5
"横行霸道"的
陆战之王
——坦克

提到先进武器，你一定对这个踩着履带、穿着盔甲、装着大炮的家伙不陌生，它就是"陆战之王"——坦克。

转着也能稳定射击

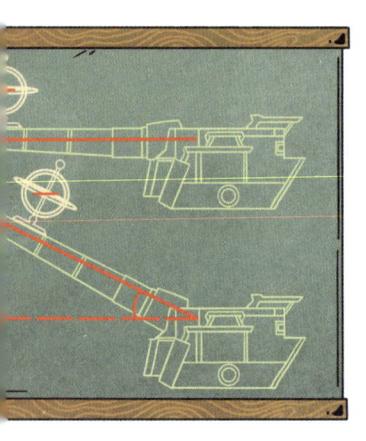

不像潜艇似的在水里活动，坦克是在坑坑洼洼的地面上前进的。按理来说，在这样的路上行进，会十分颠簸，以至于根本无法瞄准，尤其是坦克顶上装载的还是可以360°旋转的新炮塔。但是我们有保持稳定射击的秘密武器，也就是火炮稳定器。

坦克的火炮稳定器利用陀螺仪装置，只要炮管随车身摇摆，就会和陀螺仪的转盘形成一定的角度，这个角度会被电子系统记录，然后由机器修正炮管的角度。而且，最新款的三轴陀螺仪可以同时测量六个方向，保持稳定就很简单啦！

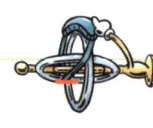  

秘密日记 你认识我吗？我就是陀螺仪。无论怎么颠簸，我都能保持稳定转动的姿态，就像这样！不仅是坦克，导弹和潜艇也都得到过我的帮助。

盲射？不，坦克也有"眼睛"！

坦克有着强大的火力和可靠的装甲防护，但是如果敌人的伪装太强，根本找不到敌人，只能看到灌木和草丛，那么威力再大的炮弹、再精准的射击也无用武之地。这个时候，坦克是不是只能盲射呢？

当然不是！坦克上装载着特殊的"眼睛"，就是热成像仪。热成像仪可以显现出红外线，而任何有温度的物体都会散发红外线，只不过平时我们的肉眼看不见。温度越高，颜色就越红。坦克有了热成像仪，就像有了"火眼金睛"，再也不怕敌人的伪装了！

▶随手小记
坦克为什么叫"坦克"呢？
其实，坦克的名字是根据英语"tank"的发音直接音译而来的。当时的设计师为了保密，起了"tank"这个名字，意思是水柜。坦克看起来是不是还挺像水柜呢？

▶延伸知识
装甲车大家族
装甲车，顾名思义，就是披上了装甲的车。根据不同的需要，装甲车的样子也各有不同。其中，坦克是装甲车中最著名、最特别的一员。

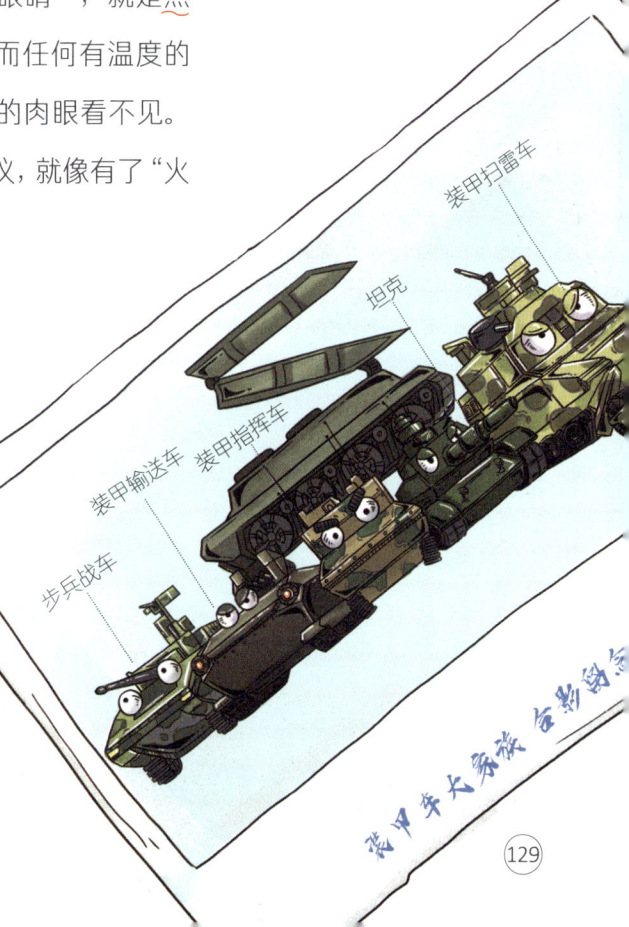

装甲车大家族合影留念

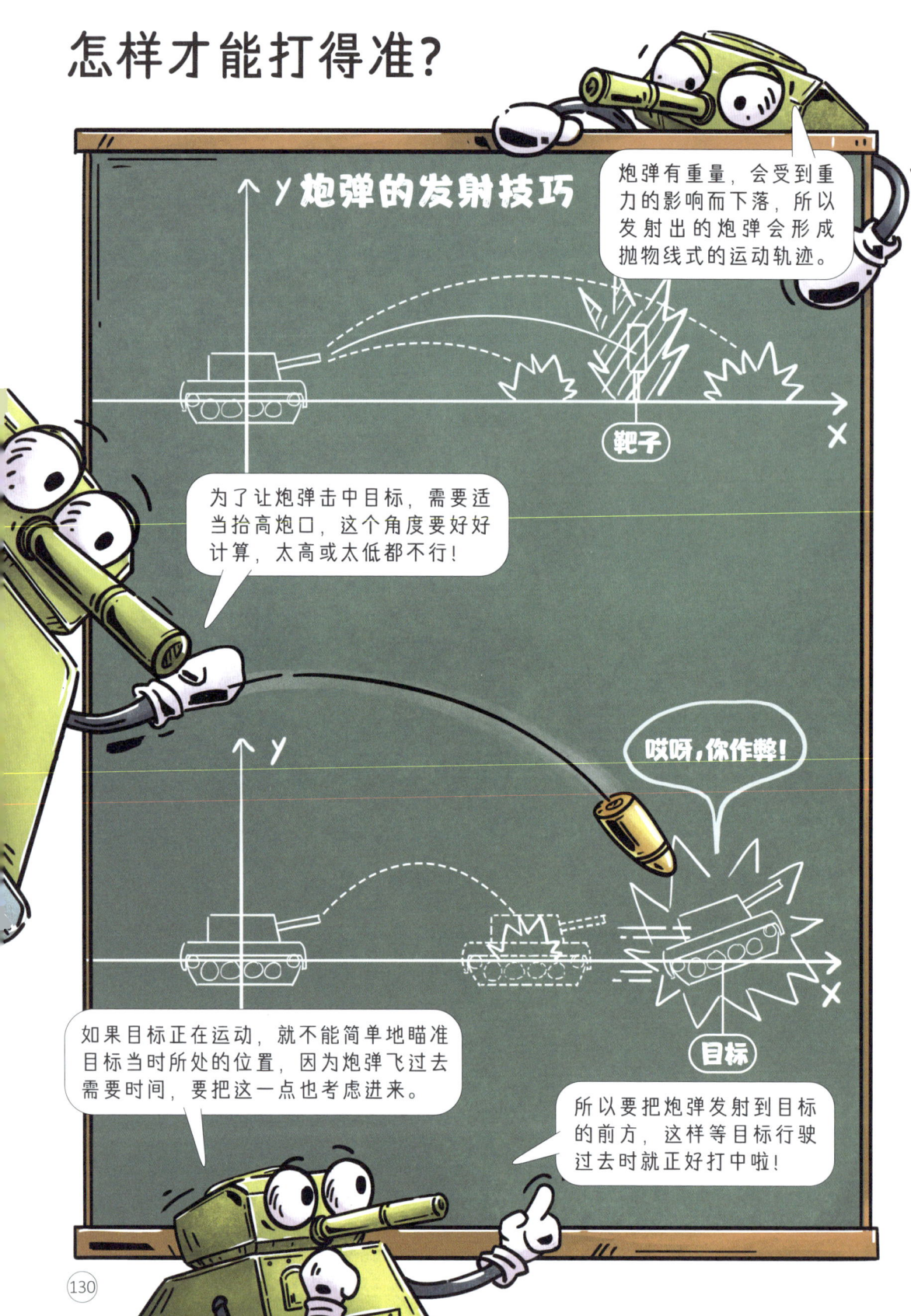

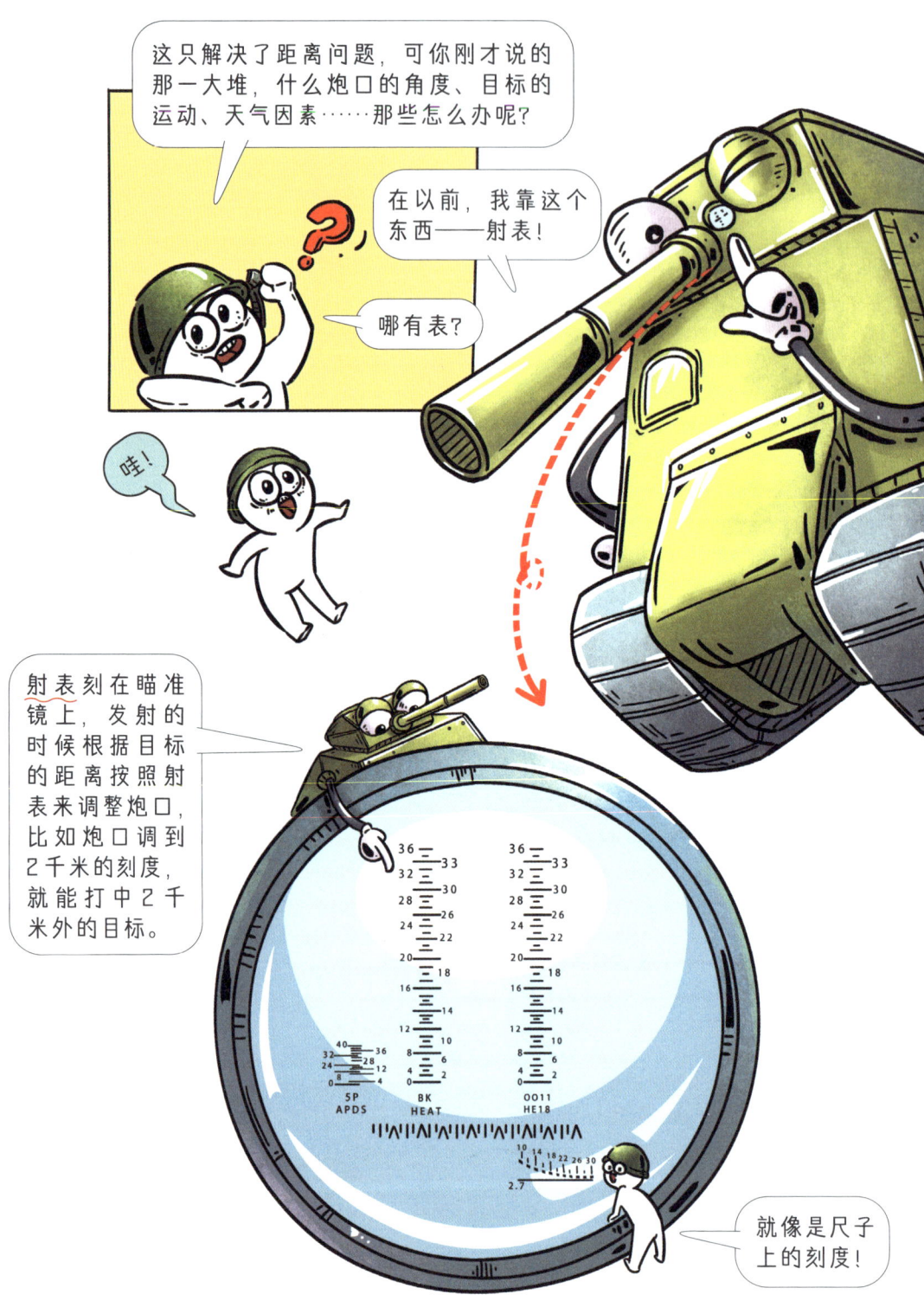

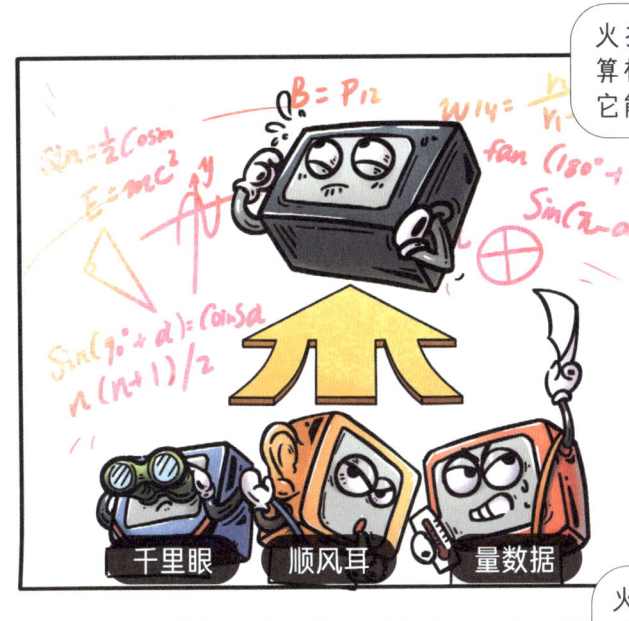

EXERCISE
章节小练

选一选

01 高铁的车头是哪一个呢？（ ）

A.

B.

02 下面哪个潜水器到达了马里亚纳海沟的最深处，坐底深度 10 909 米呢？（ ）

A. "蛟龙"号

B. "深海勇士"号

C. "奋斗者"号

03 按照数字的顺序，完成空间站的绘制吧！

连一连

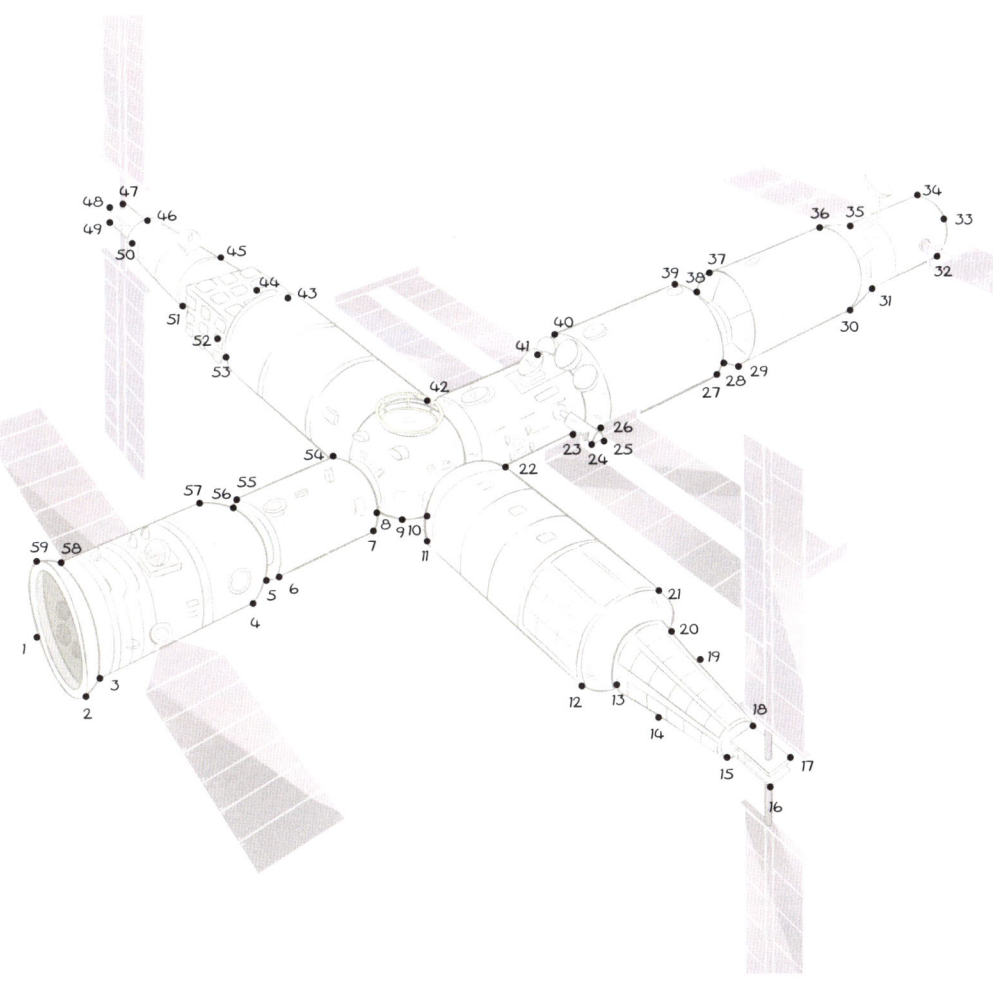

第五章 空天梦想

我们了解了自己,了解我们周围的生活,也了解了我们的国家,现在让我们仰头看向更遥远的宇宙。人们的创新,一直延伸到无穷无尽的地方。

人们对天空有着与生俱来的憧憬和美丽想象,也常常希望能双脚离地,和天空距离更近。人们想象后羿拉弓搭箭,射掉了天上的 9 个太阳;想象嫦娥吃了仙药飞上天宫;想象天上有一个热闹非凡、不染世间尘俗的仙境,那些拥有无边法力的神仙们,就在仙境里过着无忧无虑的日子。

中国古人抬头望天,希望从对天空变化的观察和记录中获得对生活的更多掌控,所以古人说"靠天吃饭",充满了对遥远天空的敬畏和依赖。只是这种敬畏并没有让人类望而却步,相反,人类从未停止探索天空的尝试。人们用肉眼观测天象,总结规律,制定历法指导人类的农业生产和劳动生活。人们发明了轮子,实现了双脚离地,同时开始了对速度无止境的追求,快,更快,直到获得更高的初速度,获得离开地面的力量。

《汉书·王莽传》中有记载"莽辄试之,取大鸟翮为两翼,头与身皆著毛,通引环纽,飞数百步堕。"戴鸟翅膀飞行,这可能是人类最早的飞行尝试。德国工程师李林塔尔或许是受到达·芬奇画稿的启发,发明了滑翔机,实现了人类飞翔的疯狂想象。莱特兄弟经过成千上万次的实验,最终制造出"飞行者一号"，由此诞生了人类历史上第一架真正意义上的飞机。

飞机的发明让人们离天更近一步，但人类的视线始终无法从天文望远镜上移开。冲出大气层，成为人类飞天的新目标。1926 年，世界上第一枚液体燃料火箭成功发射，虽然只飞离地面 12.5 米，但同时发射的，还有人类飞出地球的野心。1957 年，世界上第一枚人造地球卫星发射成功；1961 年，人类首次进入太空；1969 年，人类首次登上月球；1971 年，人类发射第一座空间站……探索还在继续，回头望去，人类已经走了那么远。

"无穷宇宙，人是一粟太仓中。"人类只是世间千万种生物中的一种，但和任何一种生物都不同的是，刻在基因里对天空最原始的向往驱动人类越跑越快，越飞越远。这是探索的力量，是不断思考和行动带来的人类飞跃。

时至今日，人类依然代代流传着关于天空想象的故事，这些故事并不科学，甚至还有些荒谬。但人类始终相信，这些最原初的狂想能在孩子心中种下梦想的种子，让他们一直向上生长。

▶ **延伸知识**

据科学家推测，整个宇宙中的星星大概有七百万亿亿颗，可为什么能被我们看到的只有几千颗呢？这主要是受星星与我们的距离的影响。我们知道，一个物体离我们越远，我们就越难看到它。茫茫宇宙无边无际，绝大部分的星星都离我们非常遥远。

天文学家用光年这个长度单位来衡量宇宙空间的距离。光年就是光走一年的距离。比如除太阳外，离我们最近的恒星比邻星与地球的距离是 4.22 光年。

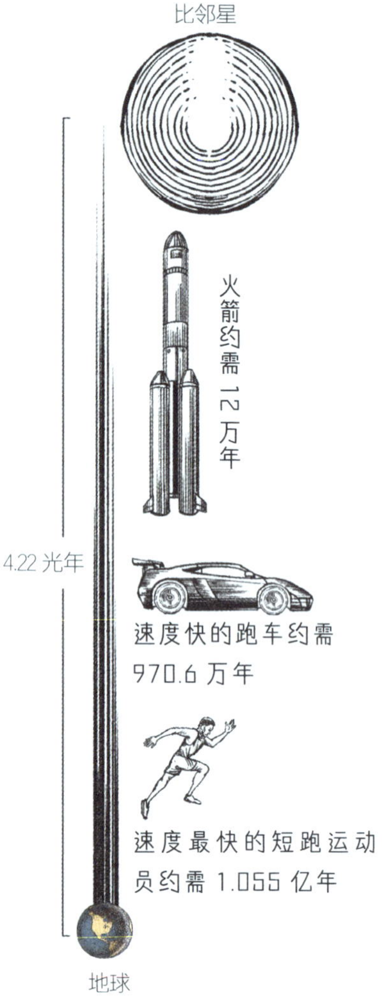

比邻星

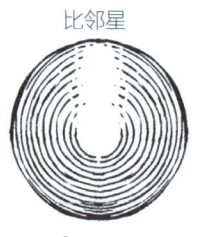

火箭约需 12 万年

4.22 光年

速度快的跑车约需 970.6 万年

速度最快的短跑运动员约需 1.055 亿年

地球

Day1 从地球看浩瀚宇宙

如果你仔细观察星空，就会发现星星有蓝色的，有黄色的，还有红色的。是有人给星星涂了颜色吗？其实，星星的颜色与它的温度有关系。颜色的顺序是蓝、白、黄、橙、红。温度越高的星星，颜色越蓝。温度越低的星星，颜色越红。

> ▶延伸知识
> **太阳的"肤色"**
>
> 太阳是什么颜色的？橙红色的？黄色的？其实，太阳是一颗白色的恒星。但为什么我们看到的太阳是黄色的，甚至是红色的？这是因为地球大气施的"魔法"。由于地球大气的散射作用，我们看到的太阳经常是黄色或是橙色的。

人们从很早以前就开始观察星空，记录星星了。早在公元前 1800 年，古巴比伦人就制定了星表。中国在战国时期出现了两位了不起的天文学家——甘德和石申，经过长期的观察，他们各自写出一部天文著作，合称《甘石星经》。《甘石星经》记录了 800 多颗恒星的名字，测定了其中 121 颗恒星的方位，并通过观测得出了金星、木星、水星、火星、土星这 5 颗行星的运行规律。

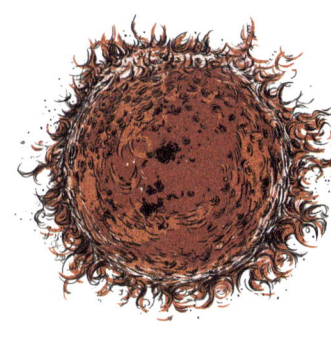

捕捉星星的轨迹

晴朗的夜晚,你是不是喜欢抬头仰望美丽的星空?告诉你,古人也非常喜欢观看夜晚的星空。古人看星空不是因为星空美丽,他们认为天上的日月星辰对应着地上的人,日月星辰的变化就预示着将要发生的大事。听起来很荒谬对不对?可古人对此深信不疑,尤其是皇帝,非常重视天象的变化,派专门的官员日夜不停地观察天象。这些观测天象的人一天也不敢懈怠,任何突发的天象,全都一一记录下来,希望不会因为自己的失职获罪。可他们根本不知道,自己记录下来的这些天象变化,为天文学作出了多么巨大的贡献。

月相

人们发现，天上的月亮阴晴圆缺，存在着一些规律，月亮每天都要在星空中从西向东移动一段距离，同时，月亮的形状也在不断发生变化。人们把这些变化规律记录下来，并分别给不同形态的月亮命名。

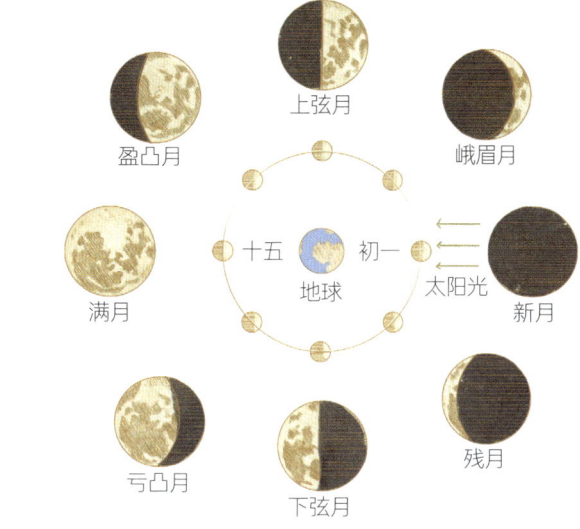

彗星

中国古人认为彗星运行时形似扫把，所以也称彗星是"扫把星"，认为彗星的出现预示着灾难的降临。在古代，彗星的出现总是给当时的人们带来恐慌。古罗马人认为彗星的出现意味着即将发生大火灾。正因如此，世界各地都流传着关于彗星的记录。中国出土过一张《马王堆彗星图》，展现和记录了 29 幅彗星图。

流星

流星在天空炫目地燃烧，发出美丽的光芒。流星不完全燃烧会落到地面上成为陨石。中国最早有文字记载的"天外来客"是明代的隆昌铁陨石，这块陨石主要成分为铁镍合金，铁镍含量高达 98%，十分坚硬。

火星

在晴朗的夜空，我们能通过肉眼观察到一颗红色的星星，亮度比太阳、月亮和金星暗，这颗红色的星星就是火星。中国古人称火星为"荧惑"，取"荧荧火光，离离乱惑"之意。中国古人认为，当火星在心宿二附近冲日时，君主就处于危险之中，国家即将发生动乱。他们把这种现象称为"荧惑守心"。

Day2 望远镜大家族

如果你想观察到更多的星星，单靠肉眼已经无法满足要求了，需要借助一种专门的装备，那就是天文望远镜。第一个将望远镜对准星空观察星星的人，是意大利科学家伽利略。1609年，伽利略自己制作了一架天文望远镜，并把它对准了星空。这架天文望远镜非常简陋，但是伽利略却清楚地看到了月球上的山脉和陨坑，发现了木星的四颗卫星，还发现了银河系无数的星星。

赫歇尔望远镜

伽利略自制望远镜观察星空后，天文学家从中受到启发，开始不断地制造和研究新的望远镜，希望能够看到更清晰的星空。望远镜的发明让人们更好地认识了宇宙空间，不过，这些望远镜究竟有什么区别呢？

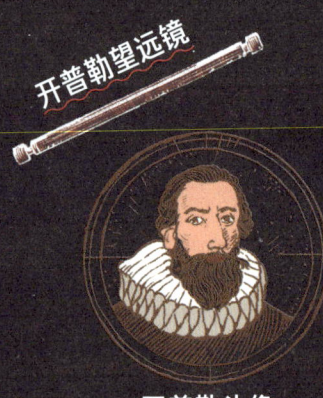
开普勒望远镜

开普勒头像

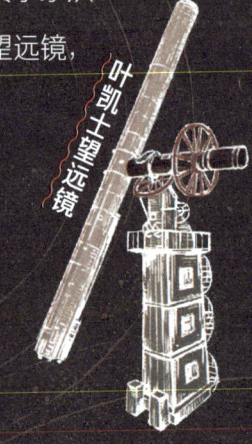
牛凯士望远镜

牛顿头像

牛顿反射望远镜

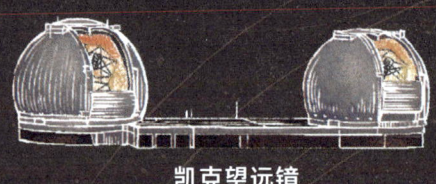
凯克望远镜

坐在桌子前工作的哈勃

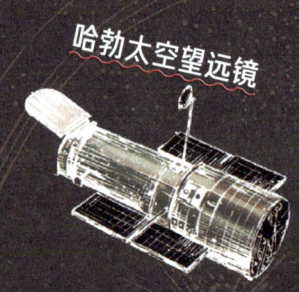
哈勃太空望远镜

144

大家好，我是天眼，我可是号称"千里眼"的望远镜家族的一员。

我的家族很庞大，按照不同的特征可以分成不同的类别，比如这些。

按照原理分类

折射式望远镜
利用光的折射。

反射式望远镜
利用光的反射。

折反射式望远镜
综合利用光的折射和反射。

按照用途分类

观鸟望远镜
专门用来观察鸟类。

观星望远镜
天文爱好者用来观星。

天文望远镜
科学家用来观测宇宙。

不过，这些望远镜全都归属于一个更大的类别——可见光望远镜，也叫光学望远镜。

可见光就是人眼可以看见的光，这条彩虹就囊括了所有的可见光哦！

带你重新认识光

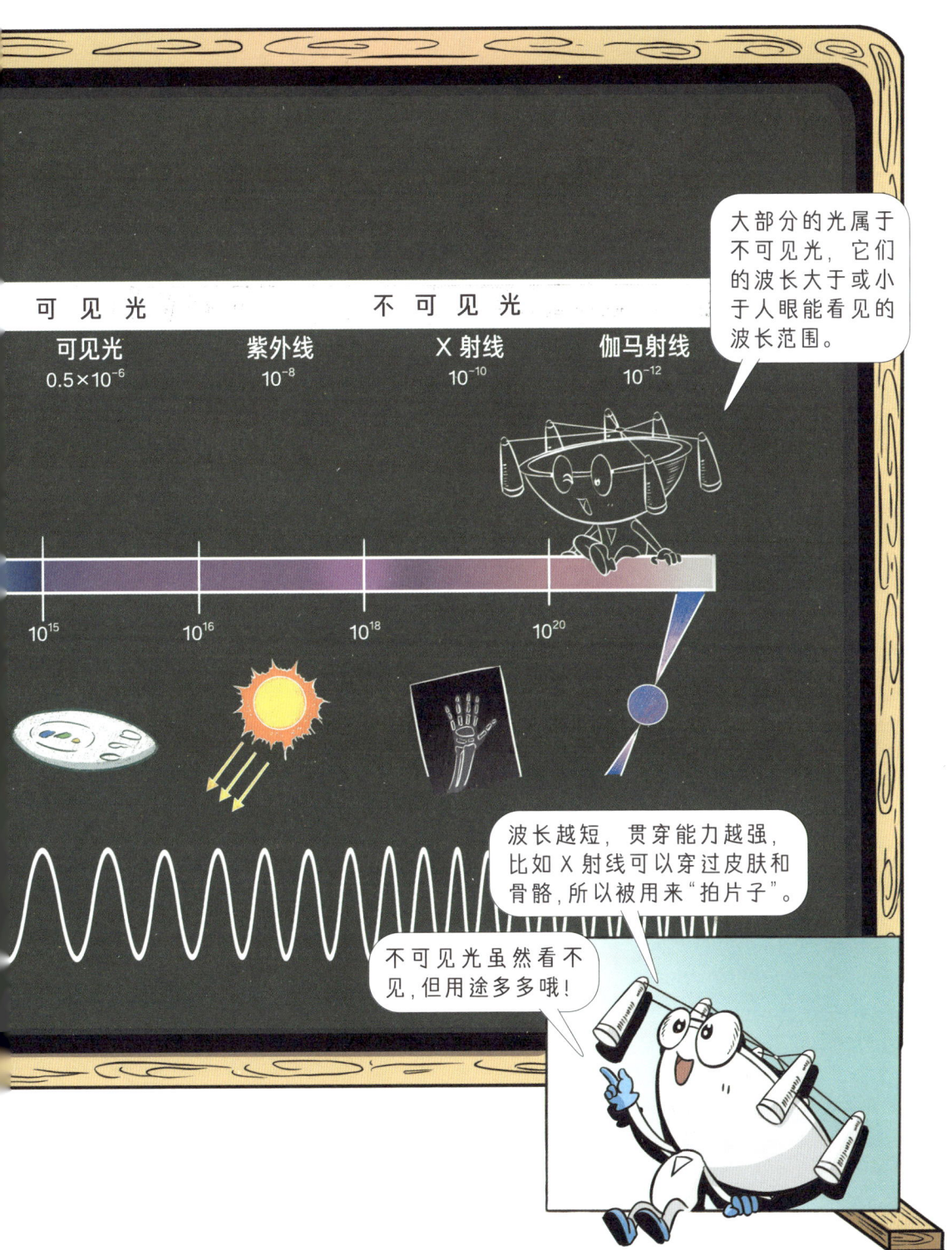

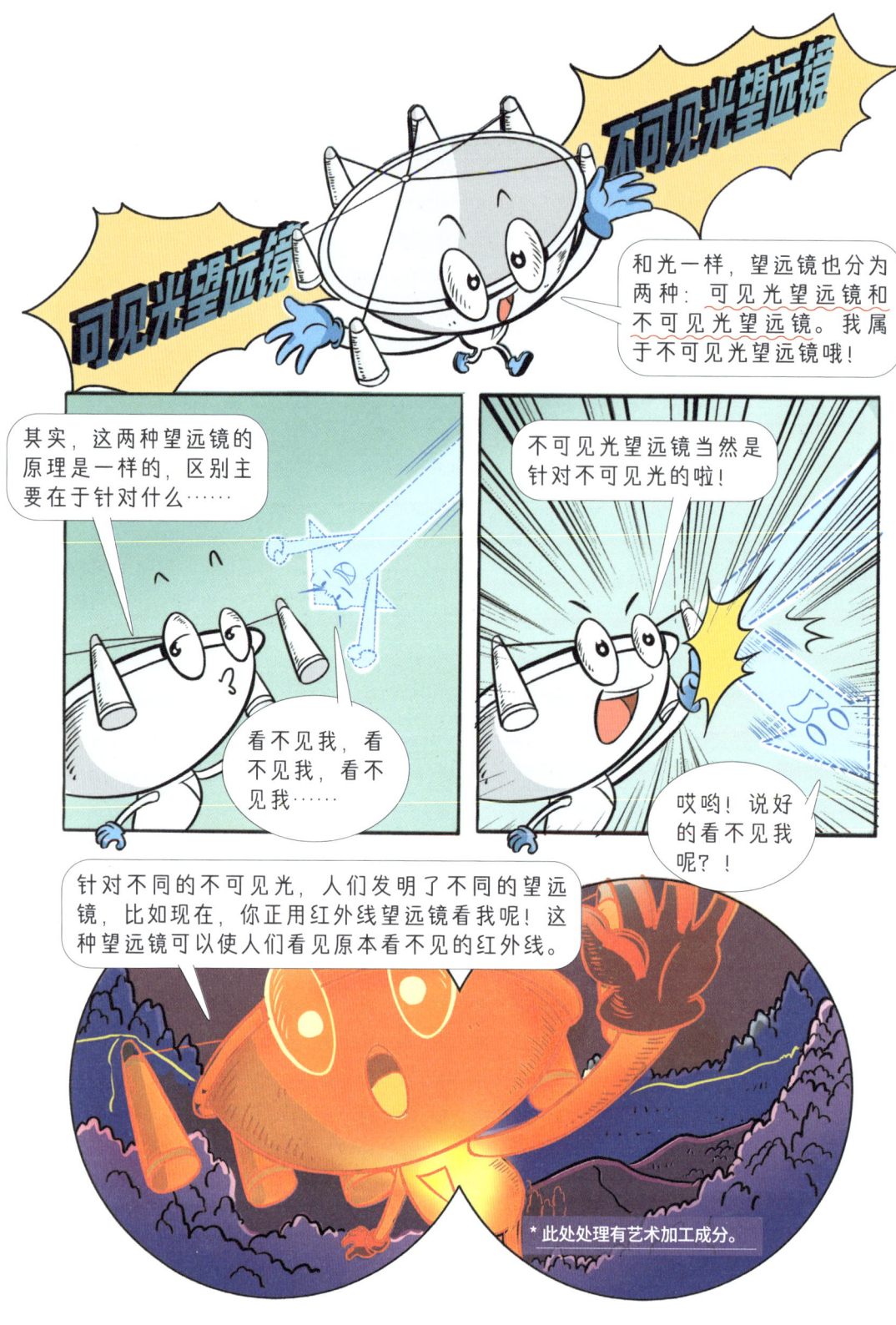

Day3 太阳系与八大行星

望远镜的发展让人们观察到的星体更清晰，记录的数据也更加准确。人们通过观察和测算发现，太阳系是太阳与被太阳"吸引"到身边的天体共同组成的一个天文系统。具体地说，太阳系是由太阳、8颗行星、至少173颗已知的卫星、5颗已经被确认的矮行星和无数其他小天体组成的。

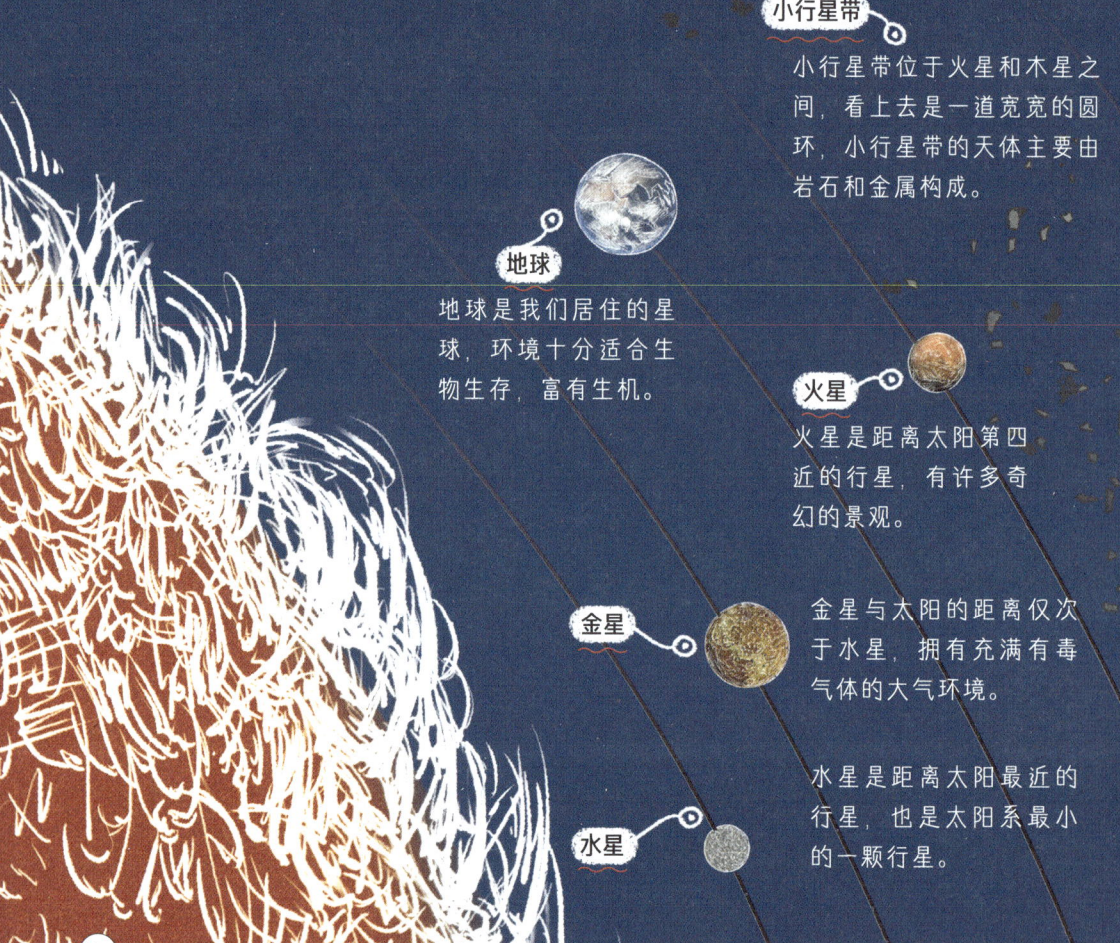

小行星带
小行星带位于火星和木星之间，看上去是一道宽宽的圆环，小行星带的天体主要由岩石和金属构成。

地球
地球是我们居住的星球，环境十分适合生物生存，富有生机。

火星
火星是距离太阳第四近的行星，有许多奇幻的景观。

金星
金星与太阳的距离仅次于水星，拥有充满有毒气体的大气环境。

水星
水星是距离太阳最近的行星，也是太阳系最小的一颗行星。

柯伊伯带位于海王星轨道外，黄道面附近，那片区域分布着包含冥王星在内的许多小星体。柯伊伯带的天体主要是水、氨和甲烷结成的冰，柯伊伯带的宽度和质量都比小行星带大得多。

柯伊伯带

冥王星

冥王星曾经被认为是太阳系的第九大行星，后来被降级为矮行星，它是柯伊伯带中的一员。

海王星

海王星是太阳系八大行星中唯一通过计算而非有计划的观测发现的行星，是八大行星中距离太阳最远的行星。

土星

土星的外表看上去十分美丽，光环是它最大的标志。

天王星

天王星是太阳系八大行星中距日距离排名第七的一颗行星，人们对这颗行星的了解目前还很少。

▶ **延伸知识**

矮行星成员

在太阳系中，被官方认可的矮行星一共有5颗，它们分别是谷神星、冥王星、阋神星、妊神星及鸟神星。

木星

木星是太阳系八大行星中体积最大、自转速度最快的行星。

151

随着科技的发展，人们已经不满足于用望远镜观测星体。火箭的成功发射让各类航天器得以飞升上天，携带各种观测设备，在星体上着陆，让人类能近距离观测星体，采集土壤样本等。人们对太阳系各大行星有了更多的认识。

"水手"10号探测器

水星的"探险家"

我们可以从"水手"10号探测器传回地球的照片来进一步了解水星。

金星的"探险家们"

"金星7"号探测器

"金星12"号探测器

"麦哲伦"号金星探测器

人类对金星的探索一度十分狂热。迄今为止，人类发往或路过金星的探测器已经超过40个，我们已经获得了大量有关金星的科学资料。借助这些资料，我们能进一步研究金星。苏联发射的"金星7号"探测器是第一个到达金星进行实地考察的"人类使者"。它穿过了金星浓密发亮的硫酸云，冒着高温的风险，首次实现了人类探测器在金星表面的软着陆。通过它的"眼睛"，我们知道了金星地表的温度高达470℃，大气成分主要是二氧化碳，还有少量的氮气。

苏联发射的"金星12号"探测器探测到金星上空闪电频繁、雷声隆隆。

美国将"麦哲伦"号金星探测器发射上金星。"麦哲伦"号拍摄了金星绝大部分地区的雷达图像，通过这些图像，人们发现金星上没有水，不适宜生命存活。在此之前，人类已经发现金星上落下的不是雨，而是硫酸。

土星的"探险家"

我们在探测器的帮助下了解到土星的公转周期长达 29.5 年。发明并使用二十八星宿体系来观测星辰的古代中国人，同样观察到了土星在天上的位置会移动这一现象。他们发现，每年土星都会在天上移动差不多一个星宿的位置，于是他们认为这代表着土星每年都会"坐镇"一宿，因此称其为"镇星"。

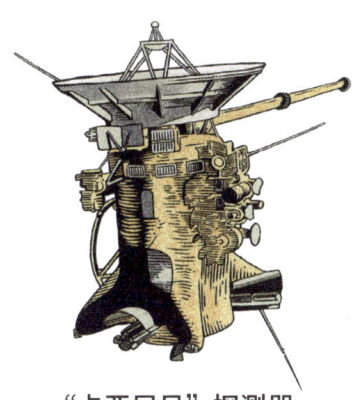

"卡西尼号"探测器

"旅行者 2 号"探测器

海王星的"探险家"

迄今为止，只有美国的"旅行者 2 号"探测器在 1989 年探测过海王星。我们通过"旅行者 2 号"探测器的"眼睛"，能够观测到海王星的光环和卫星。

阿姆斯特朗

世代的人们仰望星空，都萌生过到月球上看一看的想法和愿望。这一人类的共同愿望在 1969 年实现了，美国宇航员阿姆斯特朗第一次代表人类踏上了月球。在此之前，苏联于 1959 年发射过"月球 2 号"探测器并使其成功撞击月球，"月球 2 号"是人类派出的第一个探索月球的"使者"。

> **主编有话说**
>
> **"玉兔"来探测**
>
> 此后的几十年，几大航空航天大国争相探索月球。中国的"嫦娥四号"探测器在 2019 年成功登陆月球背面，这是人类探测器首次在月球背面软着陆；月球车"玉兔二号"也收集了很多资料。人类的月球探索工程翻开了一个新的篇章！

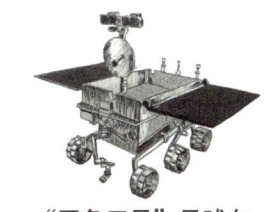

"玉兔二号"月球车

Day4 发现银河系以外的世界

人类对宇宙的探索还在继续，观测和捕捉星体信息的设备也在进化：折射式望远镜、反射式望远镜、太空望远镜、射电望远镜、红外望远镜、高空气球、太空卫星……这些设备帮助人们"看到"了太阳系以外，甚至是银河系以外的更广阔的宇宙世界。2016年，500米口径球面射电望远镜"中国天眼"建成并进入试运行阶段，它随时保持警觉，不放过任何信号。2017年，还未正式开放尚处于调试阶段的天眼发现了 PSR J1900-0134 脉冲星。

就是我哦！

想要了解脉冲星是什么，需要了解一个事实。宇宙中有无数的天体，有恒星、行星、卫星、小行星、彗星……但你可能不知道，这些天体并不是永远存在于宇宙中，它们有新生，也有消亡，连太阳这样的恒星也不例外。现在的太阳正值壮年，它的寿命有多长呢？太阳结束"生命"后会去哪里呢？

路过的彗星

月球（卫星）

太阳（恒星）

地球（行星）

小行星带

我的寿命大概是 100 亿年，现在我 50 亿岁，刚好度过了一半的生命。

想知道太阳的归宿，先看看其他恒星的命运吧！

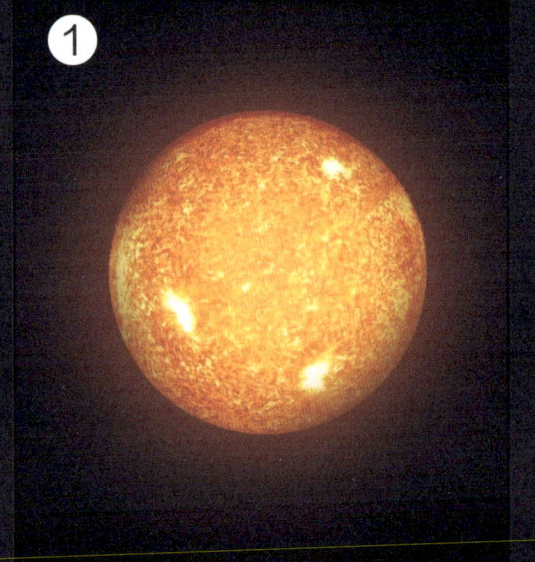

恒星，一种内部持续发生核反应的天体。

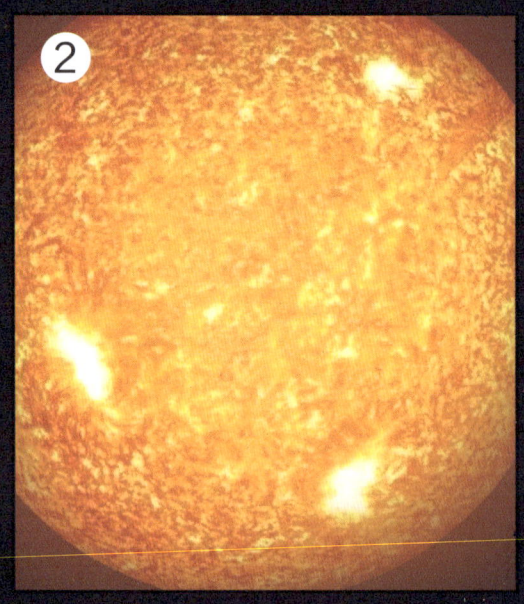

恒星的寿命就是它能持续进行核反应的时长。

小质量的类似于太阳的恒星，将先变成绚丽的行星状星云，之后慢慢冷却，最后成为一颗体积小、密度大的白矮星。

伴随着核反应的结束,恒星将迎来它的"死亡"……

大质量恒星最终将以超新星爆炸的方式结束自己的一生,有的变成了密度非常高、体积却非常小的中子星。

质量更大的恒星,最终爆炸并形成了密度极高、体积极小且引力极强的黑洞。

Day5 住在宇宙中——空间站

节点舱
空间站的"交通枢纽",航天员出舱、飞行器对接都要在这里进行

小柱段
航天员的生活居住区

出舱口
航天员从这里出舱

停泊口
供飞行器临时停泊

对接口
在这里和其他飞行器对接

机械臂
机械臂不工作的时候待在这里

哇——

虽然空间站空间有限，但却用有限的空间最大限度地保证航天员的太空生活。"天宫"空间站可以容纳6位航天员共同居住生活和工作。未来的"天宫"，将长期有人驻守，人类对太空的探索将永无止境。

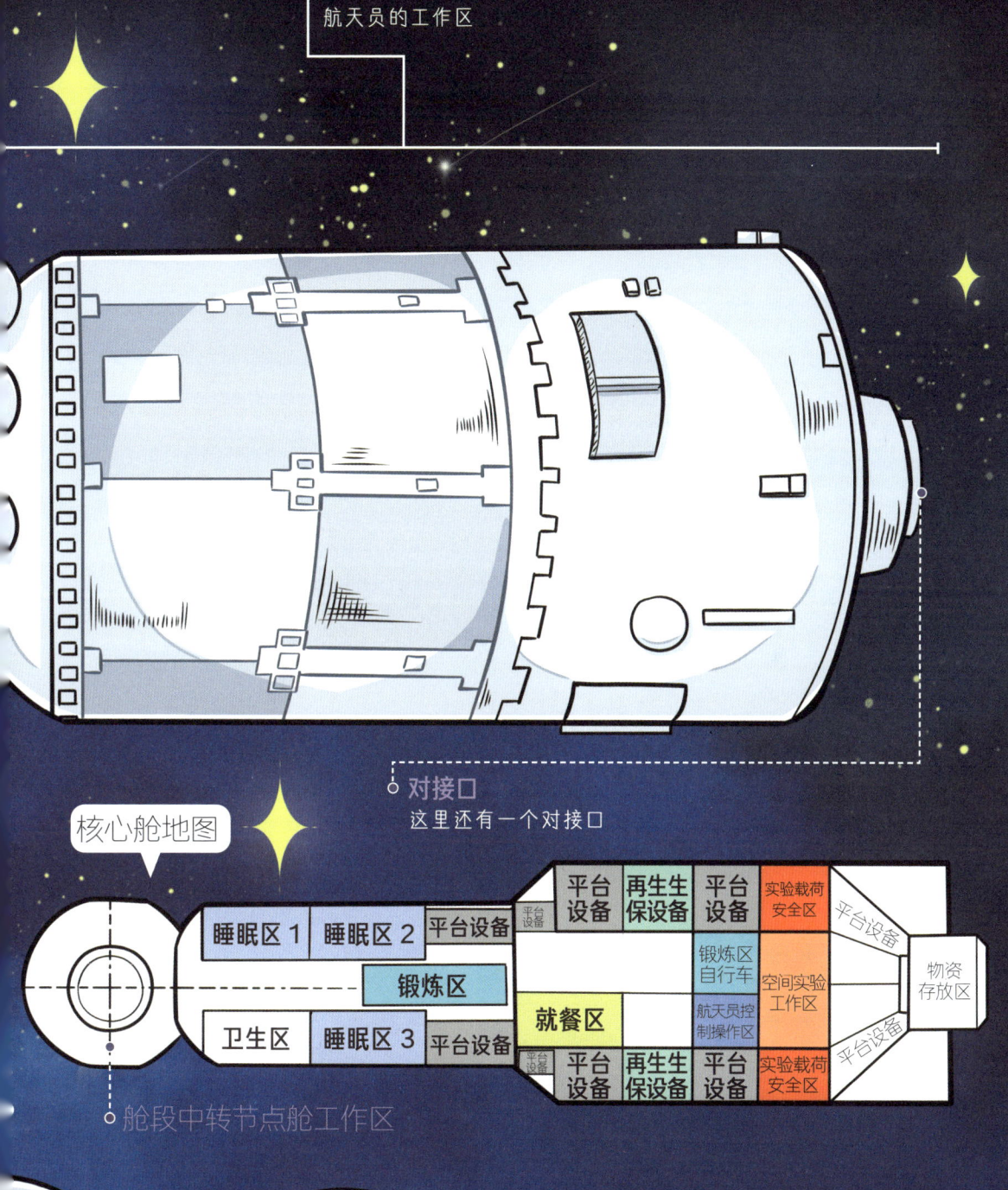

在空间站里怎么吃饭睡觉生活呢？

答 空间站环境特殊，航天员需要克服很多问题才能满足日常生活所需。航天员会钻到一个固定的睡袋里睡觉，对抗宇宙失重的环境，防止身体飘来飘去。长时间处于失重环境还容易造成肌肉萎缩、骨质疏松，所以航天员每天要在"太空健身房"进行2小时的力量锻炼。不过，在太空锻炼要时刻注意擦汗，否则这些小水珠会一滴一滴飘走，很可能进入精密的设备里，引起大问题！空间站的饮用水是从地球上带来的，十分珍贵。空间站内部配备回收设备，可以把航天员呼出的水蒸气凝结成水进行回收，有的可以把尿液回收、净化、再利用。在空间站，航天员会食用特制的航天食品，粥饭面菜肉种类齐全，但是这些食品要符合相关标准，不能散发出太浓的气味，能常温保存，要有较长的保质期等。

随着技术的进步，航天员在太空的生活质量已经有了很大的提升，相信在不久的将来，空间站的生活会越来越舒适和方便。

中国航天史

1956 年
1956 年 2 月，钱学森向中央提出《建立我国国防航空工业的意见》。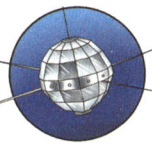

中国航天史的起点

1970 年
1970 年 4 月 24 日，第一颗人造地球卫星"东方红一号"发射升空。

1971 年
1971 年 3 月 3 日，第一颗科学探测与技术试验卫星"实践一号"发射升空。

1988 年
1988 年 9 月 7 日，第一代准极地太阳同步轨道气象卫星"风云一号"（共 4 颗）的第一颗 FY-1A 卫星发射升空。

1990 年
1990 年 4 月 7 日，"长征三号"运载火箭把美国制造的"亚洲一号"通信卫星送入预定轨道。

首次取得为国外用户发射卫星的成功

2003 年
2003 年 10 月 15 日，"神舟五号"飞船载着航天员杨利伟成功发射升空。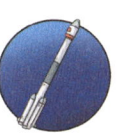

2003 年 10 月 16 日，"神舟五号"飞船返回舱成功着陆。

继苏联和美国之后，中国成为世界上第三个有能力独立进行载人航天的国家

2011 年
2011 年 9 月 29 日，太空实验舱"天宫一号"发射升空。

2013 年
2013 年 12 月 14 日，"嫦娥三号"携带"玉兔"号月球车在月球软着陆成功。

1976 年以来首个在月球表面软着陆的人类探测器

2015 年
2015 年 12 月 17 日，暗物质粒子探测卫星"悟空"发射升空。

中国第一个空间望远镜

2016 年
2016 年 8 月 16 日，"墨子"号量子科学实验卫星发射升空。

全球第一颗设计用于进行量子科学实验的卫星

2017 年
2017 年 6 月 15 日，中国第一颗 X 射线天文卫星"慧眼"发射升空。

2019 年
2019 年 1 月 3 日，"嫦娥四号"探测器在月球背面成功软着陆。

人类历史上第一个成功在月球背面软着陆的探测器

2020 年
2020 年 12 月 17 日，"嫦娥五号"返回器带着 2 千克月壤成功着陆。

中国首次完成月球采样

2021 年
2021 年 4 月 29 日，"天宫"空间站的"天和"核心舱发射成功。

就是我哦！

中国第一个空间站

EXERCISE 章节小练

01 我国战国时期的天文学著作是（　）。

    A.《齐民要术》

    B.《本草纲目》

    C.《梦溪笔谈》

    D.《甘石星经》

人教版《科学》六年级

02 牛顿反射望远镜属于（　）。

    A. 折射式望远镜

    B. 反射式望远镜

    C. 折反射式望远镜

人教版《科学》六年级

03 天眼属于（ ）望远镜。

　　A. 折反射式望远镜

　　B. 可见光望远镜

　　C. 射电望远镜

　　D. 反射式望远镜

人教版《科学》六年级

04 以下不属于不可见光的是（ ）。

　　A. 伽马射线

　　B. 红外线

　　C. 紫外线

　　D. 红光

人教版《物理》八年级

05 离地球最近的行星是（ ）。

　　A. 金星

　　B. 水星

　　C. 木星

　　D. 土星

人教版《科学》六年级

06 有中国"天眼"称号的望远镜是（ ）。

　　A. 普通望远镜

　　B. 射电望远镜

　　C. 天文望远镜

　　D. 空间站

人教版《科学》六年级

后记

从细微，到宏大，我们乘坐着"创新号"从自己的身边驶向了无穷的宇宙，见证了悠久历史中，人类为了追上"科技"这个巨人的努力。这一步一步走得有些缓慢，却异常坚定，走过了上千上万年，走到了如今这个科技发展的社会。可是科技才刚刚起步，它还是一个新生的巨人，还有很长很长的路要走。而我们也伴随在它的左右，用我们自己的眼睛发现细枝末节处的闪光处。

现在，你追上巨人了吗？

答案

第一章 生命密码

1 C　　6 复制
2 C　　7 基因测序
3 A　　8 基因图谱
4 A　　9 黄种人
5 A　　10 国际水稻基因组计划

第二章 仿生技术

1.C　　2.D　　3.A　　4.C

第三章 世纪能源

1.C 2.C 3.A 4.C 5.C
6. 电能 7. 三级阶梯 8. 西电东送 9. 特高压输电
10. 可再生能源

第四章 大国重器

1.B 2.C

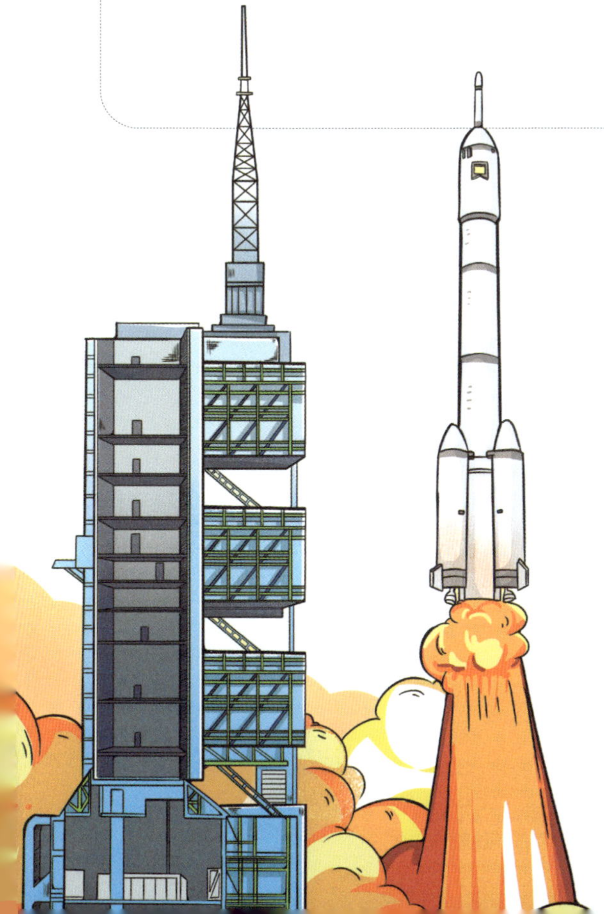

第五章 空天梦想

1.D 2.B 3.C
4.D 5.A 6.B

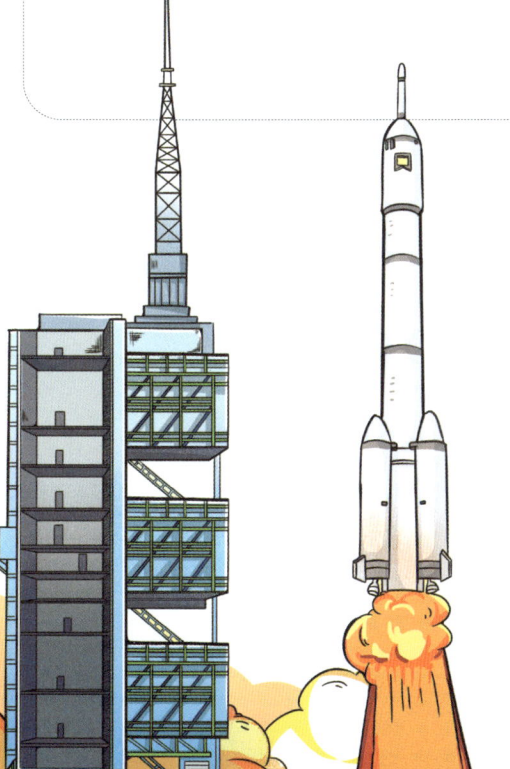

作者团队

米莱童书 | 米莱童书

米莱童书是由国内多位资深童书编辑、插画家组成的原创童书研发平台。旗下作品曾获得2019年度"中国好书",2019、2020年度"桂冠童书"等荣誉;创作内容多次入选"原动力"中国原创动漫出版扶持计划。作为中国新闻出版业科技与标准重点实验室(跨领域综合方向)授牌的中国青少年科普内容研发与推广基地,米莱童书一贯致力于对传统童书进行内容与形式的升级迭代,开发一流原创童书作品,适应当代中国家庭更高的阅读与学习需求。

策 划 人: 韩茹冰

统筹编辑: 韩茹冰

原创编辑: 王晓北　李嘉琦　陶　然　张秀婷　王　佩　孙国祎
　　　　　　雷　航

装帧设计: 刘雅宁　张立佳　汪芝灵　胡梦雪　马司文